Eifelgärten

Ursula Gerke, 1960 in Hamburg geboren, seit 1987 Baumschulmeisterin. Nach den Jahren der beruflichen Weiterbildung lebt sie mit Familie in der Eifel. Seit über 20 Jahren ist sie im weiten Spektrum der Gartenthemen beschäftigt. Seminare, Schulungen und das Schreiben der regelmäßig erscheinenden Gartenseiten in Tages- und Wochenzeitschriften sind nur ein Teil ihrer Tätigkeiten. Gartenberatung mit der praktischen Anleitung im Garten und der Erhalt der Eifeler Streuobstwiesenkultur sind ihr über den Beruf hinaus wichtig. Viel ehrenamtliche Arbeit leistet die ganze Familie in dem Eifeler Obstwiesenverein „Renette" e.V.

E.G. LÜTTGAU VERLAG

Auf Erschberg 51 · 53945 Blankenheim
info@eg-luettgau-verlag.de · www.eg-luettgau-verlag.de

www.eifelgaerten.de

Autorin: Ursula Gerke · www.gerkes-gartenlust.de
Herausgeber: Ernst Lüttgau
Fotos: Ursula Gerke, Gudrun Klinkhammer, Kreis Euskirchen, Ernst Lüttgau, Karl Pauly, Dr. Edgar Schloesser
Layout: Billaudelle - Agentur für Medien, Design und Illustration · www.billaudelle.de

ISBN 978-3-929721-10-2

Ursula Gerke

Eifelgärten

Quer Beet durch die Eifel

Und Gott sprach:
Sehet da, ich habe euch gegeben
alle Pflanzen, die Samen bringen,
auf der ganzen Erde,
und alle Bäume mit Früchten,
die Samen bringen,
zu eurer Speise.

(GENESIS, 1. MOSE 1.29)

Vorwort

Schöne Gärten wirken ansteckend. Die Freude den eigenen Garten zu zeigen; Anerkennung für ein selbst geschaffenes Paradies zu bekommen, schafft die nötige Motivation für schweißtreibende Arbeiten in der freien Natur.

Natürlich kennen sich die eingefleischten Gartenfreunde untereinander. Es werden Pflanzen, Samen und Erfahrungen getauscht und weitergegeben. Da wetteifern Fremde und Freunde gleichermaßen darum, ihren schönen Garten zeigen zu dürfen. Trotz aller Konkurrenz steht die Gartengemeinde eng zusammen, denn bei Gartenproblemen unterstützt und hilft man sich jederzeit gern. Die Pflanzenfreunde achten die Natur, da sind die menschlichen Befindlichkeiten nachrangig.

Die Vielfalt der Gärten wird nicht nur durch die Gartenbesitzer bestimmt. Die unterschiedlichen klimatischen Bedingungen und die wechselnden Landschaften wirken sich auf die Gartengestaltung aus. Das liebliche Weinbauklima und die karge, schroffe Schnee-Eifel zeigen sich auch in den Gärten.

Jeder Garten wird geliebt; seine besondere Bedeutung erschließt sich manchmal nur über seinen Besitzer. In den Garteninterviews erfuhr ich manchmal ganz persönliche Lebensgeschichten, in denen Gärten oder auch Gartenarbeit eine besondere Rolle spielen. Diese Beziehungen zwischen dem Mensch und seinem Garten hätten den Rahmen dieses Gartenbuches gesprengt. Ich danke allen, die mir ihren Garten und ihr Leben geöffnet haben.

Jeder Garten ist es wert, ihn zu achten, seine Veränderungen, das Wachstum wahrzunehmen.

Es wären noch viele Gartengeschichten zu zeigen und zu erzählen.

Ursula Gerke

Ursula Gerke

Inhalt

Ein Garten zum Entdecken! 20
Geplante Vielfalt: Kunst, Wasser und Pflanzen

Der Zwergengarten 26
Ein Garten wie im Märchen

Der professionell angelegte Garten 28
Beruf und Berufung spiegeln sich in diesem Garten wieder

Der Altenteiler-Hof 34
Perfekte Mischung aus Zier- und Nutzgarten

Ein moderner Landhausgarten 42
Fast ein kleiner Park

Ein alter Fachwerkhof 46
Ein Blütenmeer im Frühjahr

Ein eindrucksvoller Stadtgarten 50
Mit wenigen Gestaltungselementen große Wirkung erzielen

Ein Garten mit Flair 54
Ein vielfältiger Garten mit besonderen Pflanzenkostbarkeiten

Hortus Dialogus 68
Ein Garten des Gesprächs und der Besinnung

Bauerngarten mit Romantik 76
Der weiterentwickelte Eifelgarten

Lentges Mühle 84
Ein Mühlengarten mit vielen Gesichtern

Eine alte Scheune am Bach 92
Eine gelungene Kombination aus Natürlichkeit und strenger Ordnung

Moderner Gartenpark 96
Die Bedürfnisse von Mensch und Pflanze werden in diesem Garten gleichermaßen beachtet

Der traditionelle Nutzgarten in der Eifel 104

Wie viel Ertrag an Salatgurken kann ein kleines Gewächshaus liefern?

Ein Bahnhof mit neuer Aufgabe 110

Ein spiritueller Garten

Es war einmal eine alte Schafswiese ... 118

Ein ganz persönlicher Gartentraum

Der etwas andere Stadtgarten 126

Haus und Hoffläche stehen unter Denkmalschutz

Ein Garten zur Entspannung 130

Der Osthang wird zur Gartenoase

Der Efeugarten 136

Der unkonventionelle Garten eines Bastlers

Die alte Kornmühle in Eiserfey 142

Ein seit Generationen genutzter Gemüsegarten

Ein Garten in Hanglage 152

Ein Naturgarten der etwas anderen Art

Der Rosengarten 156

Die Gartenkönigin auf stolzer Eifelhöhe

Eine historische Parklandschaft 164

Romantik pur!

Der Hausgarten 174

Ein heiß geliebter Garten

Ein mediterraner Garten 180

Der Kiesgarten der Ulle Förschler

Ein bunter Höhengarten 184

Ein steinreicher, abwechslungsreicher Garten in exponierter Lage

Ein Stadthausgarten auf dem Land 190

Pflanzen und Skulpturen wie in einer Galerie

Der englische Landhausgarten 194

Ein ländlicher Garten mit außergewöhnlichen Formgehölzen

Ein Garten der Gegensätze 200

Kreativität und Sachlichkeit

Das Biotop 204

Hier pflegen die Pflanzen die Beziehung untereinander

Der Wassergarten 208

Auf der Felskuppe treffen sich Himmel und Erde

Garten(t)räume 216

Ein Garten im Wandel

Der Waldgarten 220

Ein Naturgarten zum Wohnen

Ein Nutzgarten in Tortenform 228

Ein kreisrunder Gemüsegarten aus achtzehn verschiedenen Beet-Tortenstücken umrahmt von einem schönen Ziergarten

Ein Garten mit Bach 236

Tradition und neue Ideen werden pfiffig miteinander kombiniert

Schnuppern und Anfassen erlaubt 242

Nur die Harten bleiben in diesem Garten

Rezepte

Rosen-Beeren-Marmelade, Rosengelee, Rosensirup 66

Ungarischer Kesselgulasch 134

Schnippelbohnen 150

Einkochen von Früchten 178

Schlehensirup, Quittenlikör 226

Mixed Pickles 234

Anhang

Die Eifelgärten - Landkarte 250

Kleines Gärtnerlexikon 253

Jahresarbeitskalender 265

Literaturverzeichnis 282

Vereine, Gartengestaltung, Gärtnereien 284

Die Eifel

Geht man nach dem Bekanntheitsgrad, so nimmt die Eifel unter den deutschen Mittelgebirgslandschaften sicher keine Spitzenstellung ein. Schwarzwald, Bayrischer Wald und Harz rangieren in der Gunst der Urlauber immer noch ganz oben. Sieht man einmal von den „klassischen" Ausflugszielen Mosel und Ahr ab, so sind den Touristen große Teile der Eifel weithin unbekannt, bleiben Schönheiten der Natur und Kulturgeschichte unentdeckt.

Dabei gibt es wahrlich viel zu entdecken. Kaum ein anderes Mittelgebirge verfügt über eine derart große Vielfalt an Landschaftsräumen. Ausschlaggebend hierfür ist die geologische Entwicklung, die diesen Teil des Rheinischen Schiefergebirges im Dreieck zwischen den Städten Aachen, Koblenz und Trier bis in die heutige Zeit hin prägt. So erinnern die Kalkmulden zwischen Bad Münstereifel im Norden und Gerolstein im Süden daran, dass die Region vor 400 Millionen Jahren von einem großen Meer überflutet war und mächtige Ablagerungen von Korallen, Muscheln und anderen Tieren entstanden. Gewaltige Faltungen und Erosionsprozesse haben schließlich eine Landschaft entstehen lassen, in der sich fruchtbare Kalkböden mit ärmeren Schiefergesteinen oftmals auf engstem Raum abwechseln.

Demgegenüber hat ein anderes geologisches Phänomen, der Vulkanismus, den östlichen Teil der Eifel erst in der jüngeren Zeit verändert. Die ältesten Eruptionen liegen nach Schätzungen der Wissenschaftler annähernd 1 Million Jahre zurück, die jüngsten sind gerade mal 10.000 Jahre her. Weithin sichtbare Kuppen wie die Nürburg und Hohe Acht, aber auch der Laacher See und zahlreiche kleinere Maare sind Zeugnis der gewaltigen Veränderungen in der Vulkaneifel.

Der Mensch hat sich dies in den mehr als 2000 Jahren, in denen er sich die Eifel systematisch erschloss, zu Nutze gemacht und eine reich strukturierte Kulturlandschaft geschaffen, in der fruchtbare Äcker, Hochplateaus mit Wiesen und Weiden sowie ausgedehnte Wälder einander ergänzen. Weit verzweigte Gewässersysteme haben sich tief in die Landschaft eingeschnitten, reizvolle Bach- und Talauen sind heute wichtige Leitstrukturen für die Erschließung des Raums, aber auch für den Tourismus.

Die typische Eifellandschaft ist das größte Potenzial der im europäischen Kontext doch recht abgelegenen Region. Land- und Forstwirtschaft besitzen immer noch einen hohen Stellenwert, für die von ihnen lebenden Betriebe selbst wie auch für die Region insgesamt. Eine intakte Kulturlandschaft übernimmt die verschiedensten Funktionen. Sie hält sauberes Grund- und Quellwasser vor, sorgt mit ihren großflächigen Wäldern für saubere Luft und erhält in den zahlreichen Schutzgebieten mannigfache Lebensräume von Tier- und Pflanzenarten, dient so der langfristigen Sicherung der Artenvielfalt. Hinzu kommen weitere vielfältige Ausgleichsfunktionen für die Bewohner der Ballungsräume. Und sie bietet den in ihr lebenden Menschen ein unverzichtbares Gut: Heimat. All dies wird häufig vernachlässigt, wenn es um die gesellschaftliche Wertschätzung der ländlichen Räume geht.

Der Versuch, die Mentalität des „Eiflers“ zu beschreiben, muss unweigerlich scheitern. Zu unterschiedlich sind die im Großraum Eifel zusammengefassten Teilregionen und kulturgeschichtlichen Einflüsse. So verwundert es auch nicht, wenn die Charakterisierung der Eifler als „kleines listiges Bergvolk“ und Eigenschaften wie „stur oder hinterwäldlerisch“ vor allem aus dem Munde der Einheimischen selbst kommen, die mit dem ihnen eigenen Humor und ihrer Selbstironie versuchen, das Leben auf dem Lande zu beschreiben und sich von Zugereisten abzugrenzen. Tatsächlich unterscheiden sich Menschenschlag und Mundart oft schon von Dorf zu Dorf, versuchen sich die jeweiligen Ortsvereine als verschworene Gemeinschaft zu profilieren. Das schließt aber nicht aus, dass sich große Solidarität breit macht, wenn es darum geht, Nicht-Eiflern zu zeigen, wer die Nase vorn hat.

Wanderer, Radler und andere Urlauber genießen die Abgeschiedenheit des ländlichen Raumes. Sie spüren aber auch, dass die Eifel noch nicht zu den touristischen Kernregionen zählt. Beherbergungsbetriebe und Gastronomie entdecken erst nach und nach die Chancen eines naturorientierten Tourismus und die Potenziale, die in der Region stecken.

Marketingorganisationen und Kommunen, v.a. aber der Deutsch-Belgische Naturpark Hohes Venn – Eifel, der Naturpark Vulkaneifel und nicht zuletzt der neu errichtete Nationalpark Eifel sind seit Jahren bemüht, den auf diesen Feldern vorhandenen Rückstand gegenüber anderen Ferienregionen in Deutschland aufzuholen. Viele erfolgreiche Aktionen belegen, dass die Region hier auf einem guten Weg ist.

Umso herzlicher werden Gäste und Besucher aufgenommen, und wer einmal einige Tage in der Eifel verbracht hat, wird nicht nur den Reiz der Landschaft, sondern auch die Herzlichkeit ihrer Bewohner kennenlernen. Ist erst einmal der Bann gebrochen, erzählen die Menschen gerne von sich und der Familie, präsentieren Anekdoten aus dem Dorf und vermitteln ein gutes Stück Heimatgefühl. Und dieses Gefühl hat wie überall auf dem Lande eine wesentliche Quelle: die eigenen vier Wände.

Es gibt zahlreiche schöne Beispiele dafür, mit wie viel Liebe regionaltypische Bausubstanz erhalten und gepflegt wird. Ob Schiefer-, Bruchstein- und Fachwerkfassaden, Hofstellen oder Einzelhäuser. Vieles von dem ist denkmalgeschützt und ortsbildprägend, ohne jedoch den Eindruck eines Freilichtmuseums zu vermitteln. Die Dimensionen sind häufig geringer als z.B. im „reicheren“ und von kriegsbedingten Zerstörungen weniger betroffenen Westfalen. Dies gilt auch für die Grüngestaltung. Große Landschaftsparks fehlen in der Eifel weitgehend. Vielmehr bilden bäuerliche Nutz- und Ziergärten wie auch Heckenstrukturen und Obstwiesen stimmige Ensembles in einer insgesamt kleinstrukturierten Landschaft.

Manches von dem ist auf den ersten Blick erkennbar. Die uralte Spalierbirne an einer sonnigen Fachwerkfassade, der traditionelle Bauerngarten vor dem Haus, aber auch der von der Dorfgemeinschaft gepflegte Bildstock am Rande des Dorfes, oft eingerahmt von stattlichen Bäumen.

Doch nicht immer erschließt sich die Schönheit unmittelbar bei einem Gang durch das Dorf. Es lohnt sich oft, etwas genauer hinzusehen und einen Gang um das Dorf herum zu unternehmen, um die zahlreichen Kleinode zu entdecken. Das liegt auch daran, dass sich v.a. die kleineren Dörfer oft als Straßendörfer präsentieren und sich die Hausgrundstücke und Hofstellen ein ganzes Stück in den rückwärtigen Bereich, also die freie Landschaft erstrecken. Und genau dort kann man sich sein kleines Paradies schaffen, in günstigen Fällen sogar mit kostenlosem Fernblick weit in die Landschaft hinein.

Dem Gestaltungsspielraum sind dabei zuerst einmal keine Grenzen gesetzt. Wichtig ist, dass sich die Menschen in ihrem jeweiligen Umfeld wohlfühlen und die Einheit aus Haus, Garten und Landschaft stimmig ist. Deshalb ist es auch legitim, dass ein moderner Garten im eher städtischen Umfeld von Euskirchen anderen gestalterischen Prinzipien folgt als ein traditioneller Bauerngarten in der Hocheifel oder der eines Winzers an Ahr und Mosel.

Dass auch das Gesamtergebnis im Dorf stimmt und nicht nur das Engagement des Einzelnen, haben viele Eifeldörfer im Rahmen der Wettbewerbe „Unser Dorf soll schöner werden / Unser Dorf hat Zukunft“ in den vergangenen 40 Jahren eindrucksvoll bewiesen. Für die Zukunft gilt es, dieses hohe Niveau auch vor dem Hintergrund der demografischen Entwicklung wenigstens zu halten. Dies ist die Aufgabe Vieler. Wir brauchen auch weiterhin lebens- und liebenswerte, vor allem zukunftsfähige Dörfer, in denen sich die Menschen wohlfühlen.

Ein altes deutsches Sprichwort sagt: „Ein Leben ohne Träume ist wie ein Garten ohne Blumen“. Betrachtet man die vielen bezaubernden Beispiele von blühenden lebendigen Gärten in diesem Buch, so ist man geneigt, auch den Umkehrschluss zuzulassen: Solange die Gärten noch blühen, haben die Menschen noch Träume. Was kann es Schöneres geben.

Georg Persch

Georg Persch
Geschäftsführer vom Kreisverband der Gartenbau- und Verschönerungsvereine Euskirchen e.V.

Kugeldistel (Echinops)

Die Gärten

Ein Garten zum Entdecken!

Geplante Vielfalt: Kunst, Wasser und Pflanzen

Das Arztehepaar Lanta erwarb erst 1999 Haus und Grundstück. Ein Jahr ließen sie sich Zeit für die Gartenplanung. Sie beobachteten eingehend Klima, Windschneisen und Sonneneinstrahlung auf dem Grundstück. Zwei Jahre wurde geplant, angelegt und gepflanzt.

Mit professioneller Hilfe wurden rund 90 Tonnen Grauwacke zu Trockenmauer, Treppen und Bachlauf verbaut. Dieser Stein passt in den 400 m hoch auf einer Felskuppe gelegenen Garten. Trotz exponierter Lage ist das Kleinklima sehr geschützt, vor allem die westlichen Winde werden durch eine Baumgruppe aus Eichen gebremst. Die Sonne wandert den ganzen Tag durch den Garten und bringt im Sommer viel Hitze und Trockenheit.

Die Familie liebt Wasser und so sind Teich und Bachlauf mit anschließendem Schwimmteich für alle eine absolute Notwendigkeit. Das ruhige Plätschern der Brunnen und Wasserspiele trägt zu der entspannenden Atmosphäre des Gartens bei.

Der Gartenrundgang gleicht dagegen einer Entdeckungsreise. Auf 1300 m^2 geht es über drei Ebenen an einer selbst getöpferten Hühnerfamilie, unter einem Laubengang, berankt mit Klettergurken (Akebia quinata), und am Kräutergarten vorbei, über den Platz mit dem englischen Eisenpavillon hinein in ein Biotop für Bienen. Gesäumt von Steinmauern aus selbst gesammelten Sandsteinen ist hier das Gartenreich des 15-jährigen Sohnes. Der Jungimker ist zudem der Experte in der Familie, wenn es um neue Pflanzen und Gemüse-

Iris ensata 'Diamant'

Der Garten von Familie Lanta in Schleiden-Olef
Ein großer und abwechslungsreicher Garten in exponierter Höhenlage.

Treppe mit Trockenmauer

Lackierter Eisenpavillon

arten geht, die er in Töpfen und Kübeln kultiviert. Vorbei an einem Bienenbaum (Tetradium daniellii) geht es geradeaus an den Felsrand mit Blick über das Tal.

Biegt man vorher links ab, lädt eine Steinbank unter einer Walnuss zum Verweilen ein. Ein Gartenhaus aus Rundstämmen und Dachbegrünung versetzt den Betrachter fast in eine rustikale Bergwelt. Auch das leise Plätschern aus dem Brunnen in den Bachlauf vermittelt dieses Gefühl. Gepflanzt wird, was gefällt und von einem befreundeten Pflanzensammler empfohlen wird.

Das Ehepaar liebt besondere Pflanzen und probiert gerne aus, ob diese bei ihnen gedeihen. Ihm gefallen Funkien (Hosta) mit ihren besonders schönen und dekorativen Blättern und beide lieben alle Pflanzen, die duften und in schönen Farben blühen. Dazu gehören auch die Kletterrosen, die an der Grenze zum Nachbarn ranken. Der im Winter blühende, duftende und immergrüne Sarcococca-Strauch ist selten in unseren Gärten zu finden. Seidelbast (Daphne) und Scheineller (Clethra alnifolia) sind wahre Dufterlebnisse und ebenfalls nicht weit verbreitet. Bienenschonender Pflanzenschutz und ein großer Lebensraum für

Pfingstrosen mit Springbrunnen

Vögel und Amphibien hält die Schädlinge in Grenzen. Tees aus verschiedenen Kräutern werden zur Stärkung der Pflanzen und Bienen eingesetzt. Die Blätter der marokkanischen Minze werden getrocknet und der Tee stärkt nach getaner Gartenarbeit die ganze Familie.

Am Bachlauf entlang kommt der Besucher zum Schwimmteich und kann auf einer großen Holzterrasse verweilen. Den Weg zurück und dann rechts die Treppe an der Trockenmauer hoch, vorbei an düster blickenden Gartengeistern, den Gargoyles, – selbst getöpfert von Vater und Tochter – findet der Rundgang seinen Ausklang. Auf der Terrasse unter dem grazilen Glasdach kann der Blick noch über den Garten schweifen, und zu der Musik der Klangspiele ist noch viel mehr in diesem Gartenparadies zu entdecken.

Klettergurke (Akebia quinata)

Begrüntes Dach der Laub

apanischer Goldahorn (Acer shirasawanum'Aureum')

Etwas Fachliches ...

Gartenspezifischer Überblick

Die Klettergurke (Akebia quinata), eine zierliche Kletterpflanze mit essbaren Früchten. Diese halb immergrünen Kettersträucher lieben lange und heiße Sommer mit einem warmen Frühling ohne Spätfrost. Austrieb und Blütenknospen sind frostempfindlich. Für einen Fruchtansatz werden zwei Pflanzen benötigt.
Scheineller (Clethra alnifolia) heißt ein fein duftender Strauch, der gut mit saurem, humosen Böden zurecht kommt.
Die Fleischbeere (Sarcococca humilis) ist ein immergrüner Kleinstrauch mit einer duftenden Winterblüte. Im Garten fühlt er sich an schattigen bis halbschattigen Plätzen mit einem humosen, durchlässigen und nicht zu nahrhaften Boden wohl. Trockenheit ist am schattigen Standort kein Problem. Sonnenstrahlung wird mit zunehmender Bodenfeuchte besser vertragen. Wie alle Immergrünen ist in kalten Wintern ein Schutz gegen Vertrocknen sinnvoll. Anspruchslos und pflegeleicht, bisher ohne Krankheiten und Schädlinge, ist er eine Bereicherung für kleine und große Gärten.
Der Bienenbaum (Tetradium daniellii) wird auch Stinkesche genannt. Ein imposanter Baum mit aromatisch riechenden, im Spätsommer erscheinenden Blüten. Die riesigen escheartigen Blätter und der ausladende Wuchs machen ihn zu einem attraktiven Hausbaum. Der überreiche Blütenansatz ist für Bienen und andere Insekten ein Schlaraffenland. Auf wasserdurchlässigen Böden in voller Sonne bis Halbschatten ist dieses schöne Gehölz völlig gesund und frosthart.
Funkien (Hosta) mit ihren Arten und Sorten sind auffallende Blattschönheiten, die oft noch mit einer weißen oder lila Blüte überraschen. In Töpfen und Kübeln sind diese Stauden unkompliziert und überall zur Dekoration einsetzbar. Eine regelmäßige Wasserversorgung und Schutz vor Schnecken ist für ihre Kultur wichtig. Sehr sonnige und heiße Standorte führen zu Sonnenbrand auf den großen Blättern.
Ein schöner kleiner japanischer Ahorn (Acer shirasawanum 'Aureum') besticht mit gelbem Laub und auffallend roten Samenständen, die über den Blättern stehen. Unter den japanischen Ahorn-Sorten scheint er besonders hohe Ansprüche an seinen Standort zu stellen. Sonnenstrahlung, Luftfeuchte und humoser Boden im richtigen Verhältnis lassen dieses Gehölz erst richtig schön werden.
Bachlauf, Wasserspiele und Teich verändern das Kleinklima des Gartens positiv. Die Pflanzenvielfalt und der Einsatz natürlicher Pflanzenstärkung halten die einzelnen Pflanzen gesund und widerstandsfähig. Kränkelnde Pflanzen werden umgepflanzt und sollten sie sich trotz Unterstützung nicht entwickeln, werden sie in diesem Garten nicht mehr angepflanzt.

Der Garten des Ehepaares Furche in Heimbach
Der schmale, steile Garten wirkt durch die dunkelgrünen, robusten Immergrünen und blühenden Steingartenstauden

Der Zwergengarten

Ein Garten wie im Märchen

Vor über 30 Jahren zog das Ehepaar Furche in das alte Haus mitten in Heimbach. Steil nach oben auf ein kleines Plateau mit Blick auf die Burg zieht sich das schmale Grundstück. Damals wie heute eine Herausforderung für jeden Gartengestalter.

Ein besonderes Interesse an Gartenarbeit und besondere Wünsche für eine Gestaltung gab es nicht, aber Zwergenfiguren gefielen beiden. Nach und nach gesellten sich die Zwergengruppen an den steilen Hang. Stufe für Stufe wurde gebaut, niedrige Pflanzen gesetzt, damit die Zwerge richtig zur Geltung kommen konnten. Heute erfreuen sich die beiden Schöpfer dieser Märchenwelt an der Überraschung der Touristen. Die kleinen Kinder bekommen ihre ersten Erinnerungen an das Zwergenland beim Anblick des Gartens des betagten Ehepaares. Neue Zwerge kommen nicht mehr dazu. Die Pflanzenpflege ist mittlerweile sehr anstrengend geworden, trotzdem werden Buchsbaum und Efeu regelmäßig zurückgeschnitten, damit sie die Zwergenlandschaft nicht überwuchern. Von Anfang an wurde nach dem Pflanzen nur einmal angegossen. Nur die Pflanzen, die mit dieser Behandlung zurecht kamen, wuchsen weiter. Alle Gehölze und Stauden, die hier wachsen, kommen auch ohne Gießen auf ihrem Standort klar.

Etwas Fachliches ...

Gartenspezifischer Überblick

Eine extreme Hanglage zwischen Häusern. Es sind die Immergrünen: Buchsbaum, Rhododendron und Nadelgehölze, die der Zwergenwelt Struktur geben. Von den Mauern blüht im Frühjahr weißer Flieder (Syringa vulgaris 'Mme. Lemoine'). Weiß blühen zur gleichen Zeit die Rhododendron 'Cunningham's White' und die immergrüne Schleifenblume (Iberis sempervirens). Der Steinbrech (Saxifraga) mit zartrosa Blüten über den grünen Blattrosetten verwebt sich mit den Blaukissen (Aubrieta). Die Polster bildenden Stauden fügen sich in Mauerspalten und bedecken auch steile Flächen. Farn mit seinem frischen Grün und neuen, eingerollten Blättern lockert die kompakten Pflanzen auf. Auch eine Gruppe Bergenien (Bergenia cordifolia) mit ihren großen, immergrünen Blättern und rosa Blüten fühlt sich im Steilhang wohl. Mit Pflanzenfarben wird in diesem Garten nur sparsam umgegangen. Grün dominiert und führt den Blick des Betrachters auf die Zwergengruppen hin. Der regelmäßige Schnitt der Immergrünen hält die Größe der Pflanzen passend zu den Zwergen.

Der Blick von oben zeigt, wie steil der Hang ist

Der professionell angelegte Garten

Beruf und Berufung spiegeln sich in diesem Garten wieder

Der gelernte Gärtner Bernhard Pauls hat neben der Selbstständigkeit im Gartenlandschaftsbau seinen Garten selbst angelegt. Direkt am Obersee des Rursees gelegen mit Blick auf den See und dem Bergpanorama dahinter. In der knappen Freizeit wurden verschiedene Bereiche geschaffen. Das neue Fachwerkhaus, aus historischen Materialien passend zu dem historischen Ortskern erbaut, wird vom modernen Garten eingerahmt. Eine voluminöse Anemonenwaldrebe (Clematis montana 'Rubens') klettert an der Vorderseite am Eingang des Hauses und verbindet mit dem japanisch gestalteten Vorgarten. Auf die besonders sorgfältig geschnittenen Buchsbaumkugeln ist der Gärtnermeister besonders stolz. Alle Formgehölze hat er über viele Jahre selbst gezogen. Wasser im Garten ist ihm sehr wichtig. Ein Bach verläuft vom Vorgarten in den hinteren Gartenteil. Das Bachbett ist mit runden Kieselsteinen ausgekleidet und schlängelt sich durch den Garten an einem rostfarbenen 4,50 m hohen Schieferstein vorbei, hinter einer Feuerstelle in den mit Gräsern bewachsenen Teich. Am Teich vorbei hinter einem kleinen Bambushain steht ein Eisenpavillon, der einen kleinen Sitzplatz überdacht.

Die grünen Halme des Riesenschachtelhalms (Equisetum hyemale var.robustum) begleiten den Bach. Der dominante Stein kommt aus Frankreich und dient als Sprudelstein. Ein anderer Blickpunkt ist der Eukalyptus (Eucalyptus gunni), seit vier Jahren wächst er ungeschützt im Garten. Auch eine Bayernfeige (Ficus caria

Der Garten von Familie Pauls in Einruhr
Der Garten eines Gärtners, der dessen Leidenschaft für Pflanzen und Gestaltung wiederspiegelt.

Der Seiteneinblick zeigt die Vielfalt d
verwendeten Gartenelemente: Stein
Formgehölze, Stauden, Japanischer Ahor

Blühender Lavendel duftet zwischen Stauden und Gehölzen

'Bayernfeige') gedeiht ohne Probleme in der geschützten Tallage.

Natursteinwege verbinden die verschiedenen Pflanzbereiche; mit Schieferplatten und Rindenmulch werden Zwischenräume abgedeckt. Themen sind wichtiger als Pflanzengesellschaften, wenn eine Pflanze wächst, darf sie bleiben. Gräser finden sich nicht nur am Teich. Besonders das Chinaschilf (Miscanthus sinensis), mit den bis in den Winter haftenden Blütenständen, sieht neben dem Obelisken sehr schön aus.

Von der erhöhten Hausterrasse blickt man über den Garten auf den See und das von der Dorfgemeinschaft selbst angelegte Naturschwimmbad.

Der senkrechte durchbohrte Obelisk sprudelt Wasser

Fast jede Minute seiner Freizeit verbringt der Gartengestalter in seinem Garten und zeigt ihn auch gerne. Der Wanderer auf dem Eifelsteig (Wanderweg durch Einruhr), der sich für Gärten interessiert, ist willkommen. Natürlich wird der Garten auch als Schaugarten für die Kunden genutzt.

Blick vom Eisenpavillon in den Garten

Die unterschiedlichen Materialien harmonieren mit der Bepflanzung

Etwas Fachliches ...

Gartenspezifischer Überblick

Dieser professionell angelegte Garten bildet einen perfekten Rahmen zu dem Fachwerkhaus. Bachlauf, Natursteinstele und Wegeführung sind mit zum Teil exotischen Pflanzen, wie Eukalyptus und Bambus kombiniert. Zwischen Schieferplatten finden sich verschiedene Steingartenstauden, aber auch Vergissmeinnicht dürfen dort wachsen. Komponenten aus unterschiedlichen Stilrichtungen werden gekonnt miteinander verbunden.

Der Einsatz von Naturstein für Wege und Sitzplätze/Terrasse und das Gestaltungselement Bachlauf geben den verwendeten Pflanzen einen Rahmen und bringen wieder Ordnung in die Pflanzenvielfalt.

Es wird bei der Verarbeitung von Folie und Vliesen darauf geachtet, dass diese künstlichen Hilfsmittel vollständig mit Steinen, Erde und Pflanzen bedeckt sind. Vliese mindern den Unkrautbewuchs und erleichtern die Pflege des Gartens.

Eukalyptus gibt es in vielen Arten, aber nur einige sind so frostbeständig, dass sie in unseren Breitengraden überleben. Eucalyptus coccifera, E. dalrympleana, E.gunnii und E. pauciflora sind frostharte Arten. Sie lieben leicht feuchten Boden und einen sonnigen, geschützten Standort.

Die Fruchtfeige (Ficus caria) hat die gleichen Standortansprüche wie der Eukalyptus. Temperaturen unter -15 °C verträgt sie nicht. Ein Schutz ist daher im unteren Bereich ratsam.

Der Schachtelhalm (Equisetum) gilt bei vielen Gartenbesitzern als lästiges Unkraut. Der immergrüne, bis 1,20 m hohe Riesenschachtelhalm (Equisetum hyemale var.robustum) ist dagegen im Staudenbeet und am Wasserrand eine unaufdringliche Pflanze mit sehr guter Struktur gebender Eigenschaft.

Der Altenteiler-Hof

Perfekte Mischung aus Zier- und Nutzgarten

1995 bezog das Ehepaar Schink das alte Fachwerkhaus in Schleiden-Bronsfeld. Nachdem die beiden den landwirtschaftlichen Betrieb an die Kinder weitergegeben hatten, wurde das neue 2500 m² große Grundstück terrassiert. Die Terrassen sind mit niedrigen Bruchsteinmauern eingefasst und entlang der Wege mit Bauerngartenstauden bepflanzt.

Die Selbstversorgung aus dem Garten hat die Familie schon ihr ganzes Leben lang betrieben. Immer war ein großer Hausgarten an den landwirtschaftlichen Betrieb angegliedert, früher allein von der Hausfrau und auch heute noch von den beiden Altenteilern bewirtschaftet. Arbeitsteilung hat sich bei den beiden gut bewährt und so kümmert er sich um das Gemüse und Obst. Sie liebt die Bauernblumen und zieht durch Teilung und Stecklinge von vielen Stauden und Kräutern neue Pflanzen. Die alten Kräuter liegen Frau Schink besonders am Herzen. Wer kennt noch Alant (Inula helenium), Wermut (Artemisia absinthum), Beinwell (Symphytum officinale) und Borretsch (Borago officinalis), fragt sie sich. So bietet sie auf den regionalen Bauernmärkten und den Pflanzentauschbörsen der verschiedenen Vereine (‚Naturnah leben') diese alten Kräuter gerne an. Der Verwendung der Kräuter in der Heilkunde der Hildegard von Bingen und von Maria Treben misst die erfahrene Gärtnerin große Bedeutung zu. Für jedes Leid ist ein Kraut gewachsen.

Der Garten des Ehepaares Schink in Bronsfeld
Terrassierte Beete mit Stauden und Gemüse. Ein 2.500 m² großer Bauerngarten in 550 m Höhenlage

Stockrosenblüte (Alcea rosea)

Auch Sämlinge der Stockrosen (Alcea rosea) werden zu kräftigen Jungpflanzen heran gezogen und an Liebhaber weitergegeben. Ihre durch Selbstaussaat vermehrten Pflanzen sind immer besonders gesund und robust. Das liegt zum großen Teil an der Art und Weise der Anzucht. Kompost, natürlicher Dünger und die gesunde Mischkultur machen die einzelnen Pflanzen kräftiger und gesünder. Seit 30 Jahren tauscht sich das Ehepaar im Verein ‚Naturnah Leben' mit Gleichgesinnten aus.

Im Winter wird die Zeit lang, da außer Christrosen (Helleborus niger und orientalis Sorten) in rot und weiß kaum Farbe im Garten ist.

Vermehrungsecke Staudenjungpflanzen

Türkenmohn (Papaver orientale) und Pfingstrose (Paeonia officinalis)

Gesicherter Brunnen, dient im Sommer der Bewässerung

Schneeglöckchen, Tulpen und Narzissen sind die ersten Farbtupfer, die ein buntes Bauerngartenjahr einläuten.

Die Gemüsepflanzen werden selbst ausgesät. Teils ins Freiland, teils ins Gewächshaus. Die ganze Vielfalt der Gemüsearten ist hier zu finden: Bohnen, Erbsen, Lauch, Rote Beete, Sellerie, Zwiebeln, alle Kohlarten und Kürbisse. Salat und frische Kräuter werden dazwischen gesät und gepflanzt. Beerensträucher bereichern mit ihren Früchten den Speiseplan. Die verschiedenen Sorten sind so ausgewählt, dass eine möglichst große Zeitspanne

Gut gepflegte Obstbäume und Beerenobststämmchen

lang geerntet werden kann. Himbeeren, Brombeeren und Erdbeeren runden die Beerenpalette ab. In so einem großen Garten fallen natürlich auch eine Menge an Schnittgut und Pflanzenabfällen an, Kompostierung ist die natürlichste Lösung für den Garten. Mit diesem organischen Dünger wachsen Blumen und Gemüse gleichermaßen. Die Kürbisse dürfen sogar als erste vom Dünger profitieren, denn sie wachsen auf dem Kompost.

Kürbispflanzen auf dem Kompost

Gartenspezifischer Überblick

Die perfekte Mischung aus Zier- und Nutzgarten. In Farbe und Form zueinander passende Tulpen und Narzissen dominieren im Frühjahr den Eingangsbereich. Stauden, darunter die auffallenden Pfingstrosen (Paeonia officinalis) und Türkischer Mohn (Papaver orientale) dominieren im Frühjahr den terrassierten Garten. Langgestreckte Beete, eingefasst mit niedrigen Mauern aus Grauwacke, werden für den Anbau von Gemüse, Kräutern und Beerenobst genutzt. So wird das ganze Jahr gemulcht und gepflanzt. Die Erde wird möglichst bedeckt gehalten, damit die Feuchtigkeit im Boden bleibt und das Unkraut am Auflaufen gehindert wird. Die Bedürfnisse und Eigenschaften der einzelnen Pflanzen werden in diesem Garten genau beobachtet und geachtet. Der Wermut (Artemisia absinthum) wächst zwischen den Johannis- und Stachelbeerstämmchen. Kürbisse lieben nährstoffreichen Boden und dürfen deshalb in der Kompostecke wachsen. Rosen, Stauden, Kräuter und Gemüsepflanzen werden selbst vermehrt und regelmäßig auf den Märkten angeboten.

Die alten Rosen, deren Ursprung nicht bekannt ist, sind robust und gesund. Sie werden durch Steckling und Steckholz vermehrt.

Die zum Garten gehörende Obstwiese ist mit alten und gut gepflegten Obstbäumen bepflanzt.

Hühner halten im Garten die Schädlinge im Zaum.

Ein moderner Landhausgarten

Fast ein kleiner Park

Ein 2000 m² großes, flaches Grundstück mit einem Fernblick nach Rheinland-Pfalz. Vor 7 Jahren, nach Fertigstellung des Doppelhauses und der großen Terrassen, begann die gemeinsame Gartenplanung und Bepflanzung des ganzen Areals. Im Zentrum auf der Zisterne ist ein runder gepflasterter Sitzplatz entstanden. Niedrige Bruchsteinmauern und eine Bepflanzung mit Kirschlorbeer, duftenden Rosen und Lavendel laden die Gartenbesitzer zum geselligen Beisammensein ein. Unter einem großen Eisenpavillon von 4,40 m Durchmesser sitzen die zwei Familien gerne bei einem guten Glas Wein zusammen und genießen Garten und Landschaft. Der Pavillon hat ein abnehmbares Zeltdach, berankt mit Blauregen und Weinreben bietet er auch bei Wind und Regen Schutz. Zur Erholung und als Ausgleich zur Bürotätigkeit wird im Garten gearbeitet. Projektplanung und Umsetzung ist hauptsächlich Männersache. So ist ein schwedisches Gartenhaus, ursprünglich für die Gartengeräte, entstanden. Das blauweiß angestrichene Haus ist jedoch viel zu schade zur Unterstellung der Gartengeräte und wird daher nun als Gartenhaus mit gemütlicher Einrichtung genutzt. Für ein neues Gerätehaus und ein Tomatenhaus ist noch viel Platz vorhanden.

Beschäftigung mit den Enkelkindern ist eine besondere Freude, wenn die Schafwiese direkt hinter dem eigenen Garten liegt. Weniger beliebt sind die Schafe, wenn sie über den Zaun an Sträuchern und Pflanzen fressen. Die großzügige Pflanzung verkraftet dies ohne Scha-

Der Garten der Ehepaare Sorgatz und Volkermann in Bad Münstereifel-Wald
Auf 400 m gelegene Hochebene mit anmoorigem Boden. Das 2000 m² große Grundstück lässt den Blick auf die umgebende Landschaft frei

den. Fast alle Stauden und Gehölze sind als Geschenke und Ableger in den Garten gekommen. Eine ausrangierte Lampe ist aus dem Restaurant und Hotel Hohenzollern an der Ahr. An der Rabatte aufgestellt, gibt sie Licht im Dunkeln. Hell scheint dann auch der Kalksplitt auf dem geschwungenen Weg.

Kleine Gartenschätze sind Kamelie und Strauchpaeonie, im Schutz der anderen Pflanzen fühlen sie sich wohl. Trotz der Höhenlage haben die Wintertemperaturen ihnen bisher keinen Schaden zugefügt. Beide lieben humosen, mit Wasser gut versorgten Gartenboden. Kamelien lieben sauren Boden und Strauchpaeonien sind recht tolerant in ihren Bodenansprüchen.

Große, gut entwickelte und robuste Stauden

Blick auf das blaue Gartenhaus und die schwungvollen Kiesweg

Alte Laterne vom Restaurant an der Ahr

Etwas Fachliches ...

Gartenspezifischer Überblick

Eine völlig ungeschützte Höhenlage mit einem kargen, eher saurem Boden wurde zu einem großzügig wachsenden Landhausgarten. Lavendel (Lavandula officinalis) wächst in geschlossenen Hecken an Beeträndern und Rabatten. Im Hintergrund immergrüne Scheinzypressen (Chamaecyparis lawsoniana) und Eiben (Taxus baccata).

Ein großer Eisenpavillon mit Segeltuchbespannung wird berankt von Weinreben (Vitis vinifera) und Blauregen (Wisteria sinensis). Die Verwendung von Natursteinen zum Bau der Mauern, Wege und Kieswegbegrenzungen ist passend zur Münstereifeler Höhenregion. Bruchsteine aus Grauwacke waren bevorzugtes Material für den Bau von Häusern und Mauern. Fast jedes Dorf hatte früher seinen eigenen Steinbruch.

Zwischen einzelnen Gehölzen wachsen großflächige Staudengruppen: Salbei (Salvia nemorosa), Spornblumen (Centranthus ruber 'Coccineus'), rotlaubigem Purpurglöckchen (Heuchera americana 'Palace Purple'), Schafgarben (Achillea filipendula, 'Parkers Varietät'), Frauenmantel (Alchemilla mollis), Funkien (Hosta elata).

Die Hängefichte (Picea abies 'Inversa') und die Säulenwaldkiefer (Pinus sylvestris 'Fastigiata') sind seit Jahren aus der Gartenmode gekommene Nadelgehölze. In der Staudenrabatte bieten sie einen schönen Blickpunkt.

Geschützt stehen Kamelie (Camelia-Hybriden) und Strauchpaeonie (Paeonia suffruticosa). Beide profitieren von den vergangenen milden Wintern. Die gute Einwurzelung macht die Pflanzen frosttoleranter.

Die Rose 'Lichtkönigin Lucia', eine Strauchrose und die Beetrose Amberqueen sind robust und blühfreudig und haben einen angenehmen Duft.

Der Garten des Ehepaares Krieg in Kall-Straßbüsch
Eine Gartenteilung in Ziergarten und kleiner Parklandschaft

Ein alter Fachwerkhof

Ein Blütenmeer im Frühjahr

Schon seit über 40 Jahren besitzt das Ehepaar Krieg ihr Häuschen auf dem Land. Ein Wochenenddomizil ist es bis vor 10 Jahren gewesen, danach wurde es zum Dauerwohnsitz der beiden. „Damit fing dann auch die richtige Gartengestaltung an", erzählt Frau Krieg. Viele Fachbücher hat sie seitdem gelesen. Einen englischen Garten wollten sie ursprünglich anlegen. Aber die Englischen Rosen haben auf über 500 m Höhe und in dem nassen, schweren Boden keine lange Lebensdauer. Die alte Bauernrose (Rosa centifolia) war schon im Garten und blüht jedes Jahr. Im Vorgarten wachsen verschiedene Iris (Iris barbartus und elatior) und die tollsten Sorten des Türkischen Mohns (Papaver orientale), zumeist in der Staudengärtnerei der Gräfin Zeppelin erworben. Dieser Teil des Gartens war schon Nutzgarten, als das Anwesen noch als Bauernhof bewirtschaftet wurde. Der hintere Gartenteil war Wiese, aber derart feucht, dass er nicht zu beackern war. Heute ist es dort, trotz aufwändiger Drainage, immer noch so nass, dass Trauerweide und Birken sich besonders wohl fühlen. Am Haus ist die ehemalige Viehtränke zu einem natürlichen Teich verwandelt worden. Rhododendron wachsen im lichten Schatten der Birken. Danach öffnet sich der Garten in einen kleinen Park mit einer blühenden Kastanie als Blickfang. Am Gehölzrand dürfen sich Akelei (Aquilegia vulgaris) und Giersch (Aegopodium podagraria) ausbreiten.

Blütenbälle des Schneeballs (Viburnum opulus 'Roseum

In den Staudenbeeten werden Giersch und Genossen durch Jäten klein gehalten. „Iris müssen regelmäßig geteilt werden, damit sie gesund und blühfreudig bleiben. Gerne geben wir unsere geteilten Stauden an andere Gartenliebhaber weiter“, erzählt das Ehepaar beim Gartenspaziergang.

Etwas Fachliches …

Gartenspezifischer Überblick

Blühende Sträucher und Bäume dominieren im Frühling in diesem Garten. Mit großen violetten und rosafarbenen, gefüllten Blüten sind die Strauchpaeonien sehr imposante Blütengehölze. Mit etwas Winterschutz in den ersten Standjahren sind sie später auch in Höhenlagen recht unproblematisch. In durchlässigen Boden gepflanzt und eine nicht zu Stickstoff betonte Düngung machen sie zu gesunden Gartenbewohnern.
Dunkelvioletter Flieder (Syringa vulgaris 'Andenken an Ludwig Späth') und der gefüllte Schneeball (Viburnum opulus 'Roseum') mit gelbgrünen Blütenbällen sind attraktive und groß werdende Sträucher. Die Unterpflanzung des Flieders mit Christrosen (Helleborus niger), deren extrem lang haltende Blüten sich nach und nach von cremeweiß in grün verfärben, nimmt die Farben des Schneeballs, des weißen Rhododendrons ('Cunningham's White') und der gefüllt blühenden Kastanie (Aesculus hippocastanum 'Baumannii') auf. Die gefüllten Blüten dieser Sorte fruchten nicht.

Ein eindrucksvoller Stadtgarten

Mit wenigen Gestaltungselementen große Wirkung erzielen

Ein klar strukturierter Garten mit geometrisch angelegtem Kiesplatz. Darin sind die Beete rechtwinklig um das Zentrum, ein quadratisches Wasserbecken mit einer Eisenskulptur, angeordnet. Die Strenge der Anlage und die Symmetrie der Buchsbaumkugeln werden mit gelb blühendem Frauenmantel (Alchemilla mollis) und rosa Bodendeckerrosen (Rosa 'The Fairy') gemildert. Der Kies verbindet diesen zentralen Gartenteil mit dem zum Wohnhaus führenden Hang. Mit silbrigem Lavendel (Lavandula angustifolia) und rosa blühenden Malven (Lavatera) wird ein mediterranes Flair vermittelt. Dazu passen Kies und Bruchsteinwege sehr gut.

Im Hintergrund wachsen Blütensträucher und immergrüne Glanzmispel (Photinia x fraseri 'Red Robin'). Die dunkleren, gut mit Rindenmulch abgedeckten Beete sind der perfekte Übergang zu den angrenzenden Nachbargärten.

Dieser mit ausgewählten Pflanzen angelegte Garten hat eine eindrucksvolle Wirkung und ist trotzdem pflegeleicht. Die verwendeten Pflanzen sind farblich sehr gut kombiniert und von ihren Ansprüchen her aufeinander abgestimmt. Für Lavendel und andere mediterrane Gewächse ist in unseren Breitengraden ein sonniger Standort mit durchlässigem Boden Voraussetzung für eine dauerhafte und erfolgreiche Kultur im Garten.

Ein Garten in Euskirchen
Ein mittelgroßer Stadtgarten mit einem formalen Zentrum mit Wasserbecken, der von Gehölzen und mediterranen Pflanzen eingerahmt wird.

Lavendel (Lavandula angustifolia)

Im Hintergrund blühender Frauenmantel (Alchimilla mollis)

Der Garten von Hilde und Raymund Ibba in Monschau-Höfen
Nutz- und Ziergarten mit 8 m hohen Buchenhecken umgeben. Auf 10 000 m² eröffnen sich die einzelnen Gartenräume

Ein Garten mit Flair

Ein vielfältiger Garten mit besonderen Pflanzenkostbarkeiten

Das Heckendorf Höfen ist eigentlich schon eine Sehenswürdigkeit für sich. Wer hinter die hohen Hecken sehen will, entdeckt ganz wunderbare Gärten. Einer der schönsten und größten gehört der Familie Ibba. Ein altes mit Reet gedecktes Fachwerkhaus weckt als Erstes das Interesse. Am Zaun steckt ein Schild mit der Aufschrift „Garden". Wer sich traut, dem Hinweis zu folgen und sich bei Frau Ibba meldet, wird mit einer Gartenführung belohnt. Der Rundgang ist vom Feinsten: 10.000 m^2 in verschiedene Räume durch 8 m hohe Buchenhecken geteilt. Diese schützen auch vor den starken Winden, die über die Hochebene am Rande des Nationalparks Eifel fegen. Innerhalb von 30 Jahren ist auf einer Höhe von über 500 m ein abwechslungsreicher Nutz- und Ziergarten entstanden. Eine große Kompostecke und eine Streuobstwiese fügen sich in diese Gartenlandschaft sehr gut ein. Hinter dem Staketenzaun beginnt der Ziergarten; dort stehen zwei kleine Glashäuser, die zur Anzucht von Jungpflanzen und als Winterquartier für verschiedene Pflanzen in Töpfen dienen. Eine Weinrebe wächst im Gewächshaus und trägt jedes Jahr gesunde leckere Weintrauben. Dahlien, Wildgladiolen, Monbretien und Lilien werden in Töpfen vorkultiviert. Die Pflanzen sind anschließend gegen Schneckenfraß und Frost besser geschützt. Später werden sie samt Topf in die Beete gepflanzt.

Dahlie Bishop of Llandaff

Sonnenblumen sind hohe, einjährige Sommerblumen

Im Frühjahr kann der Besucher die Strukturen des Gartens klar erkennen. Im Sommer entwickeln sich Stauden und Gehölze dann zu einer überbordenden Mischung aus Blüten, Blättern und Düften. Die Rosen 'Gertrude Jekyll', 'Tour De Malakoff', 'Charles De Mills', 'Rose De Resht' wachsen mit in den Staudenbeeten. Besonders die Kombinationen mit Katzenminze (Calamintha nepeta), Meerkohl (Crambe cordifolia), Dreiblattspiere (Gillenia trifoliata) und der Mazedonischen Witwenblume (Knautia macedonica) bestechen sowohl im Beet als auch im Rosenstrauß. Überhaupt liebt die leidenschaftliche Gärtnerin die hohen Stauden und Gräser. Einjährige, wie die Jungfer im Grünen (Nigella damascena), werden zum Teil beetweise kultiviert; Samen und Pflanzen werden gesammelt

Tagetes sind wichtig für die Bodengesundheit

Die kleinen Glashäuser werden auch im Sommer genutzt

Kürbisse werden in allen Farben und Formen kultiviert

und getauscht. ‚Die Gesellschaft der Staudenfreunde', ‚Die Deutsche Gesellschaft der Rosenfreunde' und ‚Der Freundeskreis naturgemäßer Gartenbau' bieten viele Gelegenheiten zum Austausch. Ewiger Kohl, toskanischer Palmkohl, roter Grünkohl 'Red Bor' und gelbe Beete sind nur ein paar der vielen Gemüsesorten, die im Gemüsegarten angebaut werden. Prunkbohnen, Stangenbohnen und gelber Hopfen (Humulus lupulus 'Aurea') haben einen eigenen Ranktunnel. Alle Garten- und Küchenabfälle verwandeln sich mit Schafsmist und Algenkalk innerhalb von zwei Jahren zu einem wertvollen organischen Dünger und Bodenverbesserer. Der reife Kompost wird gesiebt und regelmäßig auf die Beete verteilt.

Auf der Obstwiese wachsen alte Apfelsorten wie Eifler Rambur, Rote Sternrenette, Winterzitronenapfel, Roter Eiserapfel und verschiedene Zwetschgen-, Birnen- und Süßkirschsorten. Baumschnitt und Heckenpflege sind in der Verantwortung von Vater und Sohn. Besonders die

Heckenpflege ist sehr zeitintensiv. Auf den meterhohen Gerüsten werden die Buchen in Form geschnitten und die Zweige miteinander verflochten oder zusammengebunden. Diese kontinuierliche Pflege gewährleistet das gleichmäßige Aussehen und den guten Windschutz der Hecken.

Blaue Kugeldistel (Echinops)

Jungfer im Grünen (Nigella damascena) im Beet

Die Nachtkerze (Oenothera tetragona) gehört zu den typischen Bauerngartenpflanzen

Die Flammenblume (Phlox Maculata-Hybride 'Omega') hat auch duftende Sorten

Blick auf die über haushohen Buchenhecken

Kompostplatz

Alte holländische Apfelsorte 'Der Leckerbissen'

Jungpflanzenanzucht im Gewächshaus

Im Frühjahr kann man schon die Pflanzenvielfalt erahnen

Immergrüne, duftende Aurikel (Primula auricula und P. x pubescens)

Etwas Fachliches ...

Gartenspezifischer Überblick

Ein großzügiger Garten mit sehr viel Nutzgarten und einer Obstwiese, aber auch mit vielen schönen und traditionellen Gartenpflanzen.

Der im April/Mai gelb blühende Hundszahn (Erythronium Tuolumnense-Hybride 'Pagoda') gehört zu den Liliengewächsen und lässt sich als Steingartenpflanze auch gut in Schalen und Töpfen halten, nicht zu sonnig mit gleichmäßiger Feuchte. Zur Bepflanzung von Gehölzrändern, als Begleitpflanze oder Unterpflanzung und als Schattenpflanze für den Schattengarten findet diese aparte Zwiebelpflanze viele Verwendungsmöglichkeiten.

Die Gartenaurikel (Primula x pubescens/hortensis) ist eine alte Sammlerpflanze, die sich gut in Pflanzgefäßen präsentiert. Dort ist sie auch sicherer vor Schneckenfraß. Nicht in praller Sonne und ausreichend mit Wasser und Nährstoffen versorgt, sind die glatten, nicht Primel ähnlichen Blätter sattgrün. Die violetten, blauen, roten oder auch gelben Blüten sind dazu ein schöner Kontrast. Am Haus rankt die historische Kletterrose 'Gloire de Dijon', eine 1853 in Frankreich gezüchtete kletternde Teerose, die auch als Noisetterose bezeichnet wird. Die stark gefüllten rosa Blüten remontieren bis zum Frost. Die Rosenblüten haben einen starken fruchtig-lieblichen Duft. Leider sind diese schönen Blüten nicht besonders regenfest.

Die Dahlie 'Bishop of Llandaff' hat schwarzrotes Laub, eine leuchtend rote Blüte und ist mit 45 cm Höhe eine der kompakten Sorten.

Rosenblüten mit kräftigen Farben und intensivem Duft werden zu Rosengelee, Tee, Rosenkeksen und Rosenzukker verarbeitet.

Gerne werden Samen und Pflanzenableger weitergegeben. Die Förderung und Verbreitung seltener Gartenpflanzen unterstützt die umtriebige Gartenfrau, die ihren Garten auch im Rahmen der ‚offenen Gartenpforte' fremden Gartenenthusiasten öffnet.

Rosen-Beeren-Marmelade

Sie benötigen:

100 g Rosenblütenblätter (die weiße Blattbasis abschneiden, bei historischen Rosen meist nicht nötig)

300 ml Wasser

Saft von 2 Zitronen

1 kg Gelierzucker

500 g Beeren (z.B. Johannisbeeren, Himbeeren, Erdbeeren)

Zubereitung:

Rosenblütenblätter mit dem Wasser aufkochen, auf der ausgeschalteten Herdplatte 5 Minuten ziehen lassen, Rosenblütenblätter absieben und Flüssigkeit auffangen. Flüssigkeit, Gelierzucker, Beeren und Zitronensaft nach Anleitung vom Gelierzucker aufkochen und direkt in saubere, heiß gespülte Marmeladengläser füllen und sofort verschließen.

Rosengelee

Sie benötigen:

700 ml Saft von weißen oder roten Johannisbeeren

1 kg Gelierzucker

Rosenblütenblätter von stark duftenden Rosen (z.B. Gertrude Jekyll, William Lobb, Queen of Denmark)

Zubereitung:

Saft mit dem Gelierzucker nach Anleitung aufkochen. In die heiß gespülten Marmeladengläser je nach Größe des Glases vor dem Einfüllen des Gelees 3-5 Blütenblätter legen. Danach Gläser sofort verschließen und umgedreht auf dem Deckel stehen lassen bis sie abgekühlt sind. Die Blütenblätter bleiben so im unteren Teil des Glases.

Rosensirup

Sie benötigen:

150 g Rosenblütenblätter

1 kg Zucker

1 TL kristalline Zitronensäure

1 l Wasser

Zubereitung:

Wasser und Zucker aufkochen, bis der Zucker gelöst ist. Erkalten lassen. Die Zitronensäure und Rosenblütenblätter in ein großes Glas füllen und die Zuckerlösung dazugeben. Das Ganze abdecken und ca. 6-7 Tage an einem kühlen Ort ziehen lassen. Danach die Blütenblätter abseihen und den Sirup in saubere Flaschen füllen. Kühl aufbewahren und alsbald verbrauchen. Alternativ können die Blütenblätter auch mit dem Wasser aufgekocht werden, 15 Minuten ziehen lassen, abseihen und die Flüssigkeit dann mit Zucker und Zitronensäure nochmals aufkochen. Anschließend in frisch gespülte Flaschen füllen und verschließen.

Hortus Dialogus

Ein Garten des Gesprächs und der Besinnung

Ein öffentlicher Garten im Stil der Chinesischen und Japanischen Gärten angelegt. Wenige Pflanzen dominieren und die verschiedenen Grüntöne bringen Ruhe und Urwüchsigkeit in diesen rund 2500 m^2 großen Garten. Rot blühende Azaleen wachsen um verschiedene Buddhafiguren herum. Rosa und weiß sind die Blüten der verschiedenen Japanischen Zierkirschen. Direkt hinter der Buchenhecke säumen sie die Straßenfront. Verschiedene Sternmagnolien (Magnolia stellata) wachsen und blühen im zeitigen Frühjahr zu ihren Füßen. Das unebene Kopfsteinpflaster hat seine ganz eigene Bedeutung bei diesem Rundgang: „Weitergehen ist immer mit Stolpern, aber auch mit Bodenhaftung verbunden". Efeu, Farne und niedriger Bambus wuchern zwischen Kamelien, Japanischem Ahorn, Blumenhartriegel (Cornus kousa var. chinensis, C. nutallii, C. florida) und Rhododendron. Zwei große Blauglockenbäume (Paulownia tomentosa) bilden mit ihren riesigen Blättern ein grünes Dach. Geborgenheit und Schutz empfinden die meisten Besucher. Tafeln und Skulpturen regen zum Nachdenken an. Die über den Garten verteilten Sitzplätze lassen verweilen und den Besucher den Garten genießen. Auch der Blick in den Himmel öffnet sich an den verschiedenen Punkten. Am Taubenhaus lassen sich Vögel und auf der Friedensterrasse und dem China-Tor manchmal Unken und Salamander beobachten.

Der öffentliche Garten von Familie Ostenrath in Nideggen-Abenden
Ein 2500 m² großer Garten, der mit seinen schönen Gehölzen und interessanten Skulpturen beeindruckt. Viele unterschiedliche Sitzplätze laden zum besinnlichen Verweilen ein.

Auf den mit über 3 m hohen Bambus gesäumten Kopfsteinwegen lassen steinerne Buddhas, Steinlaternen, Schaukästen und andere Objekte immer wieder den Besucher innehalten.

Der feuchte und schattige Garten beherbergt eine riesige Anzahl tropischer und heimischer Farne. Die Sammlung dieser Gattung fasziniert den ehemaligen Zoodirektor und Gründer des Hortus Dialogus Friedrich Ostenrath schon viele Jahre. Für die empfindlichen Tropenfarne hat er extra ein beheiztes Gewächshaus im Garten aufgestellt. Auch die Lotusblumen müssen frostfrei überwintern, die robusteren Kamelien wachsen im Garten ohne direkte Sonnenbestrahlung. „Jedes Jahr ist die Blüte schöner", erzählt Frau Ostenrath. Die Vielzahl der immergrünen Pflanzen macht den Garten auch im Winter attraktiv. Die zartrosa Winterblüte der Zierkirsche (Prunus subhirtella 'Autumnalis') und die daran anschließende Kamelienblüte bringen Farbe und eine Leichtigkeit mit, während die spielenden Eichkätzchen sich durch die Baumkronen jagen.

Skulpturengruppe ‚der Buddha inmitten der fünf Askete

Der östliche Teil der Grundstücksgrenze ist unter Eichenbäumen mit immergrünen Rhododendron (Rh. catawbiense-Hybriden), Kirschlorbeer (Prunus laurocerasus), Schmuckblatt-Mahonien (Mahonia bealei) und Bambus blickdicht bepflanzt. Damit ist die Bahntrasse der Rurtalbahn das ganze Jahr verdeckt. Dennoch ist der Blick ins Tal auf die Hügel des Nationalparks und eine Buntsandsteinfelsenformation an verschiedenen Stellen möglich. Die Aussicht auf das Farbenspiel der sich färbenden Wälder im Herbst sollte sich keiner entgehen lassen.

Die kleineren Farbschauspiele bieten die Blumenhartriegel mit ihren schmetterlingsgleichen, zu Blüten umgewandelten Hochblättern. Funkien (Hosta) mit breiten Blättern und Silberkerzen (Cimicifuga racemosa) stehen in ihrer Schönheit am Teich und Bachlauf.

Steinlaterne

Der neue 10800 m² große Garten ist nach dem Rad der Lehren des Buddhismus entworfen worden. Sommer 2010 ist die Eröffnung dieses öffentlichen Gartens geplant. Die hölzernen Pavillons sind verschiedenen Themen der Hospizbewegung und den großen Weltreligionen gewidmet. Die Ausstellungen zu diesen Themen werden von einem abwechslungsreichen Garten eingerahmt.

Verschiedene Ruhepunkte, von denen Wassergarten und Rosen betrachtet werden können, sind auf dem Rundweg verteilt.

CASA
BENEDICTI
Meisenkasten
Graugans
Weiße Zwergente
Zuchtrasse
Stahlblauer Glanzkärpfling
Afrika
Dohle

Gartenspezifischer Überblick

Bambusse aller Arten dürfen sich frei im Gelände bewegen, sie wachsen ohne Rhizomensperren. Die Gattung der Flachrohrbambusse (Phyllostachys) hat besonders viele für unser Klima geeignete Arten. Dabei ist der Phyllostachys viridiglaucescens die Art, die am stärksten wuchert. Grüne, starke und aufrecht stehende Halme mit großen glänzenden Blättern fallen an diesem Bambus besonders auf. Kontrastreich ist der P.vivax f. aureocaulis mit seinen bis zu 6 m hohen gelben Halmen. Phyllostachys aureosulcata f. spectabilis besticht ebenfalls mit gelben Halmen. Die jungen Sprossen sollen sehr schmackhaft sein. Auffallend, aber auch etwas frostempfindlicher ist der Phyllostachys nigra mit seinen schwarzen, bis 4 m hohen Halmen. Phyllostachys flexuosa hat sich als sehr Trokkenheit resistent erwiesen, ist aber nicht so gut geeignet für windige Lagen. Phyllostachys vivax macht in seiner Wüchsigkeit dem P.viridiglaucescens Konkurrenz. Phyllostachys vivax f.aureocualis mit leuchtend gelben Halmen ist mittlerweile eine der beliebtesten Sorten.

Zu den nicht über 3 m hoch werdenden Bambusgattungen gehören Sasa und Sinarundinaria. Sasa kurilensis hat die typisch breiten Blätter und ist in Eifellagen extrem robust. Genauso extrem sind seine Wurzelausläufer. Wer keinen Ärger mit dem Nachbarn haben will, sollte diesen Bambus mit Rhizomensperre pflanzen.

Harmlos dagegen ist der Sinarundinaria/Fargesia murielae, er bildet kompakte Horste mit kurzen Ausläufern. Bimbo, Simba und Jumbo sind bekannte Selektionen. Jumbo und Kranich sind stärker wachsende Sorten, die mit 3-4 m doppelt so hoch werden können als wie die Erstgenannten.

Gräser und Farne sind ideale Begleiter und ergänzen den Bambusgarten. Schattenstauden, Azaleen, Rhododendron und Kamelien bringen mit ihrer Blüte Farbe in den sonst von Grüntönen bestimmten Garten. Funkien haben neben den schönen Blättern auch sehr elegante Blüten.

Bauerngarten mit Romantik

Der weiterentwickelte Eifelgarten

Erhöht liegt das alte Bauernhaus. Je nach Region verändern sich die Bauarten der alten Höfe. Im Grenzgebiet von Nordrhein-Westfalen und Rheinland-Pfalz sind sie meist aus Sandstein gebaut und verputzt. Typisch sind der weiße Putz und die altrosa Fensterstürze. Die Gärten sind traditionell für den Anbau von Gemüse und Obst genutzt worden. Nach dem Krieg wurden viele Dörfer nach und nach entvölkert. Die Bewohner zog es in die Städte zu besseren Arbeitsmöglichkeiten.

Heute ist der verwaiste Hof liebevoll restauriert und der Garten zu neuem Leben erweckt worden. Zuerst als Wochenendhaus oder Feriendomizil erworben, ist er mittlerweile Hauptwohnsitz. Alte Nutzpflanzensorten werden weiterkultiviert und historische Obstsorten neu angepflanzt. Von Anfang an gab es einen Gartenplan, der um einen vorhandenen Buchsbaum und eine weiß blühende Rose den neuen Garten entstehen ließ. Heimische Gehölze sind zum Schutz gegen die heftigen Westwinde an der Straßenfront gepflanzt und haben sich über die Jahre zu einer dichten Hecke entwickelt. Gemüsebeete werden jedes Jahr nach Plan neu bepflanzt. „Das wuchernde Unkraut ist eine Plage“, erzählt Gudrun Müller, „die Beete sollten pflegeleichter sein“. Eine feste Einfassung oder gar Rücken schonende Hochbeete sind ihre Favoriten. Es fällt ihr leicht, im Garten etwas zu verändern. Anfangs zu dicht gesetzte Gehölze werden gelichtet. Bäume und Pflanzen, die

Der Garten des Ehepaares Müller in Jünkerath-Esch
Bauerngarten mit vielen heimischen Gehölzen
ca. 1000 m² groß

Flammenblume und Goldrute im Staudenbeet

sich nicht so entwickeln wie gedacht, bleiben nicht in diesem Garten. Saisonpflanzen, die Gärtnereien und Supermärkte je nach Jahreszeiten anbieten, kommen ihr nicht in den Garten. Ihre Pflanzen sät sie lieber selber aus. Das Saatgut wird getauscht oder in den regionalen Märkten gekauft. Dort sind auch Gemüsejungpflanzen zu bekommen. Bei der über 500 m hohen Lage des Gartens ist es mit vorgezogenen Pflanzen leichter, ausreichend dicke Lauchstangen und Sellerieknollen zu ernten.

Skulptur

Immer wieder fallen dem Gartenbesucher raffinierte Rankhilfen und ungewöhnliche dekorative Skulpturen auf. Die Rankhilfen sind vom Ehepartner selbst konstruiert, die Skulpturen dagegen sind Überbleibsel, die zu schade zum Wegwerfen waren. Teilnehmer verschiedener Bildhauerlehrgänge überließen sie den Müllers gerne zur weiteren Verwendung im Garten.

Gartenspezifischer Überblick

Einen Nutzgarten erfolgreich in offenen Höhenlagen zu betreiben, ist mit etwas mehr Aufwand verbunden. Die kürzere Vegetationszeit (Wachstumszeit) und niedrigere Temperaturen sind bei den Kulturen zu beachten. Höhenlagen sind oft sehr windig und haben große Temperaturunterschiede. Damit müssen die Pflanzen erst einmal zurecht kommen. Um ein besseres Kleinklima zu schaffen, sind Windschutzpflanzungen ideal. Mit heimischen Gehölzen, die an die Standortbedingungen optimal angepasst sind, können locker wachsende und Wind brechende Hecken gepflanzt werden. Hecken schaffen ein geschütztes Kleinklima. Rotbuche (Fagus sylvatica), Hainbuche (Carpinus betulus), Weißdorn (Crataegus monogyna) und Feldahorn (Acer campestre) sind für geschnittene Hecken am besten geeignet.

Wildgehölze für Höhenlagen: Felsenbirne (Amelanchier ovalis), Sauerdorn (Berberis vulgaris), Haselnuss (Corylus avellana), Kornelkirsche (Cornus mas), Weißdorn (Crataegus monogyna), Schlehe (Prunus spinosa), Weiden (Salix), frühe und späte Traubenkirschen (Prunus padus, Prunus serotina), Faulbaum/Kreutzdorn (Rhamnus frangula), Pfaffenhütchen (Euonymus europaeus), Wildapfel, Holzapfel (Malus florida und M. sylvestris), Wildbirne (Pyrus communis), Holunder (Sambucus nigra und S. racemosa), Eberesche/Vogelbeere (Sorbus aucuparia).

Wildrosen (Rosa multiflora, Rosa canina, Rosa rugosa) wachsen gerne am Gehölzrand und schmücken im Herbst Wildgehölzhecken mit roten Hagebutten. Ginster (Cytisus scoparia), auch wegen ihrer gelben Blüte im Frühjahr Eifelgold genannt, säumen die Wegränder.

Der Garten von Familie Gruner in Blankenheim-Wald
Auf über 6000 m² werden Obst und Gemüse kultiviert und ein großer Ziergarten gepflegt

Lentges Mühle

Ein Mühlengarten mit vielen Gesichtern

Die Familie Gruner lebt seit 25 Jahren in der alten denkmalgeschützten Mühle in Blankenheim-Wald. Zuerst war die Selbstversorgung mit Gemüse und Obst Hauptziel der Gartenarbeit. Das 1835 erbaute Haus wurde über Jahre nach und nach renoviert und restauriert. Eine Obstwiese entstand vor dem Anwesen. Dort war das Gelände nicht so feucht wie die anderen Wiesen, durch die der Mühlenbach in die Urft fließt. So war es auch kein Problem, neben dem Haus den großen Teich anzulegen. Ein kleines Ruderboot liegt am Steg.

Mittlerweile haben die Gemüsebeete eine Buchsbaumumrandung bekommen. Die Kinder sind erwachsen und die gewonnene Zeit der Mutter wird in einen großen Ziergarten hinter dem Haus investiert. Rosen, Stauden und Gehölze werden von ihr nach Gefühl „aus dem Bauch heraus" gepflanzt. Ein Gefühl, dass seit Ilonka Gruners Jugend vorhanden ist. Schon als junges Mädchen legte sie im Garten ihrer Eltern Gemüse- und Blumenbeete an. Später im Leben zogen nicht nur Menschen und Wohnungseinrichtung um, sondern auch immer ein Teil der Gartenpflanzen.

Teich mit Quak-Fröschen

Die feuchten Wiesen hinter dem Haus mussten vor der Bepflanzung erst einmal trocken gelegt werden. Drainagen leiten das Wasser in den Bach.

Ein Bogengang aus Eisen ist mit pinkfarbenen Kletterrosen (Lawinia) berankt. Dahlien und Kapuzinerkresse (Tropaeolum) geben ein buntes Farbenspiel. Blaue und rosefarbene Töne finden sich am weißen Gartenpavillon. Inmitten blauen Salbeis wächst die englische Rose 'Abraham Darby'. An Sonnentagen ist der Rosenduft besonders köstlich. Zwischen Zier- und Gemüsepflanzen wird den ganzen Sommer mit Rasenschnitt gemulcht. Alle Gartenpflanzen bekommen regelmäßige organische Düngung mit Kompost und Hornspänen. Pflanzen,

Zucchini lieben feuchteren Boden

njähriger Gartenmohn (Papaver somniferum)

die kränkeln, werden an einen ihnen mehr zusagenden Standort verpflanzt. Die Obstbäume werden im Winter von der Gartenfrau geschnitten. Die Süßkirschen schneidet sie im Sommer, „das vertragen die Bäume besser“, erzählt sie beim Gartengespräch. Die Aprikose (Prunus armeniaca), die durch Zufall über eine kommunale Pflanzenbestellung zu ihnen kam, wächst auch auf der Wiese. Das rauere Klima auf 500 m Höhe macht hauptsächlich der Blüte zu schaffen. Die Spätfröste lassen die Obstblüte erfrieren. Bei kalter Witterung fliegen dann auch keine Bienen zur Bestäubung. Dennoch haben sie alle 5-6 Jahre eine Aprikosenernte. Eine Natursteinmauer hemmt die starken Winde; in ihrem Schutz können schöne Frühlings- und Herbsttage auf einer Bank genossen werden.

Hauswurz und Dahlien

Die Mauer bietet nicht nur Schutz, sondern spendet auch die Wärme der eingefangenen Sonnenstrahlen. Wie Kakteen wirkt der in den Mauerspalten wachsende Hauswurz (Sempervivum). Die sukkulenten immergrünen Stauden sehen auch im Winter schön aus.

Unzählige Blumenzwiebeln sind im Herbst auf der Wiese zur Freude der Wildschweine gepflanzt worden. Nur ein Teil der Narzissen sind von der Fressorgie verschont geblieben.

Gartenspezifischer Überblick

Feuchte, nasse Gartenböden machen die Kultur für viele Pflanzen schwer. Wenn die Erde zugleich sehr lehmig oder sogar tonig ist, müssen verschiedene Maßnahmen ergriffen werden. Drainagerohre werden mit leichtem Gefälle zur Ableitung des überschüssigen Wassers in 60-80 cm Tiefe verlegt. Am tiefsten Punkt ist dann die Sammelstelle, dort fließt das Wasser hin. Ein Graben oder ein Teich sind an diesem Punkt eine gute Lösung. Ein durchführender Bach ist für die Gestaltung dieses Grundstücks und als Vorfluter vorhanden. Eine regelmäßige Bodenverbesserung mit Sand und Kompost ist gut für die Wasserführung und das Wurzelwachstum der Pflanzen. Bäume, die viel Feuchtigkeit brauchen, machen das Gelände etwas trockener. Erlen (Alnus incana, A. glutinosa) und Weiden (Salix alba, S. caprea und andere) gedeihen auf nassen Böden, aber auch Holunder (Sambucus nigra) lieben feuchte Standorte.

Mit Natursteinen gepflasterter Eingangsbereich mit kleiner Terrasse

Eine alte Scheune am Bach

Eine gelungene Kombination aus Natürlichkeit und strenger Ordnung

Seit das Ehepaar Lellau 1993 das Grundstück mit der alten Bruchsteinscheune in Heimbach-Vlatten entdeckte, hat sich der Garten einschneidend verändert. Besonders gravierend war für die Besitzer die notwendige Fällung der großen alten Pappeln (Populus canescens und P. nigra var.italica). Der Garten hatte damit enorm an Ausstrahlung verloren. Nackt und kahl sollte er nicht lange bleiben. Große Apfelbäume wurden in einer Baumschule ausgesucht und an passender Stelle als Ersatz gepflanzt. 'Roter Boskoop' und 'Berlepsch' essen die beiden besonders gern. Auf dem zwar steinigen, aber dennoch fruchtbaren Boden wachsen die Pflanzen gern. Der eher kalkreiche, nicht staunasse Boden erwärmt sich gut und gefällt den englischen Rosensorten ('Heritage', 'Abraham Darby', 'Othello', 'Winchester Cathedral') am alten Schmiedegitter besonders gut. Clematis ranken an alten Spalierbäumen, auch ihnen bekommt der kalkhaltige Erdboden hervorragend.

Struktur geben die mit Buchsbaum eingefassten Beete, getrennt durch einen Kopfsteinweg vom Bachlauf mit seinem natürlichen Bewuchs aus Brennnesseln, Fingerhut, Frauenmantel, Efeu und Giersch.

Die Staudenbeete werden Ton in Ton bepflanzt. Wollziest (Stachys byzantina) zwischen Blütenstauden, wie Rittersporn (Delphinium Hybriden) und Eisenhut (Aconitum napellus) gepflanzt, dämpft Farbkontraste.

Der Garten des Ehepaares Lellau in Heimbach-Vlatten
Ein guter Boden und eine gute Wasserversorgung lassen in diesem Garten alle Arten von Pflanzen gedeihen. Buchsbaumumrandungen sind sehr dekorativ, aber auch etwas pflegeintensiver als andere Beeteinfassungen. Die ornamentale Anordnung ist besonders gut von oben zu erkennen.

Bunte Beete werden vermieden. Duftende Kräuter siedeln zwischen Rosen und Blütenstauden.

Salate in verschiedenen Farben, Schnittlauch und Zwiebeln wachsen in den Buchsbaumbeeten. Das Wohnhaus, das aus der alten Scheune entstanden ist, ziert ein Blauregen (Wisteria floribunda). Rosa blüht es am Geländer der Brücke über dem Bach, das berankt ist mit einer Clematis (C. montana 'Rubens').

Etwas Fachliches ...

Gartenspezifischer Überblick

Stauden mit Wildstaudencharakter sind ideal für Böschungsbepflanzungen und nicht gärtnerisch genutzte Flächen. Robust genug, um sich gegen die Wildpflanzen zu behaupten und pflegeleicht für den Gärtner. Frauenmantel (Alchemilla mollis), Storchschnabel (Geranium x cantabrigiense) sind durchsetzungsfähige Bodendecker. Akelei (Aquilegia vulgaris), Fingerhut (Digitalis purpurea), Mädesüß (Filipendula purpurea), Goldrute (Solidago caesia), Dost (Eupatorium cannabinum), Gelbweiderich (Lysimachia vulgaris) sind hohe Stauden mit starker Wuchskraft.
Der Aufwand für den Schnitt der Buchsbaumhecken ist recht hoch und muss auch regelmäßig erfolgen, damit der Garten gepflegt aussieht. Ein Naturgarten dagegen lebt von seinem natürlichen Erscheinungsbild. Die Pflege beschränkt sich auf gelegentliches Mähen oder Schneiden von verblühten Wildblumen.

Der Garten des Ehepaares Mehmet in Monschau-Höfen
10 000 m² großzügig angelegter Garten. Eine Wiese voller Narzissen und blühende Obstbäume sind eine besondere Attraktion im Frühjahr.

Moderner Gartenpark

Die Bedürfnisse von Mensch und Pflanze werden in diesem Garten gleichermaßen beachtet

In Höfen, dem Heckendorf, ist auch dieser große Garten zu entdecken. Zu Anfang wurden große, ebene Wiesen, mit den für das Dorf typischen Buchen und Buchenhecken umgeben, von den Eltern an die Tochter vererbt. Das war vor 30 Jahren. Das Haus war gebaut und als erstes entstanden zwei 10 m lange Hochbeete. 120 cm breit und 70 cm hoch sind die Beete aus Eichenbalken gezimmert. Die Hochbeete sind so konstruiert und aufgestellt, dass Frau Mehmet auch heute noch, trotz ihrer fortschreitenden Rheumaerkrankung, die Beete selbst bearbeiten kann. Der großzügig angelegte Garten ist komplett behindertengerecht geplant worden. Die Pflanzen sind so angeordnet, dass sie auch mit Rollstuhl und Gehhilfe zu pflegen sind. Mit der Zeit ist der Garten immer größer geworden. Angrenzende Wiesen wurden mit in den Garten einbezogen. Eine große Wiese mit blühenden wilden Narzissen erinnert im Frühjahr an die wilden Narzissenwiesen im Perlenbachtal. Naturschutz ist der Familie Mehmet ein großes Anliegen. Obstbäume stehen auf dem Grundstück und zur Förderung der Wildbienen ist ein Insektenhotel aufgestellt. 'Danziger Kantapfel' und 'Schöner aus Herrnhut' sind alte Apfelsorten, die im Frühjahr mit ihrer Blüte für Insektennahrung sorgen.

Narzissen

Über das ganze 10 000 m² große Areal sind Sitz- und Ruheplätze verteilt und laden zur Gartenbetrachtung ein. Blumen für den Schnitt und Gemüse wachsen in den Hochbeeten. „Als die Krankheit noch nicht so weit fortgeschritten war, habe ich die Jungpflanzen selbst gezogen und den Vorgarten jedes Jahr neu mit Sommerblumen gestaltet", erzählt Frau Mehmet lebhaft. Die körperliche Behinderung ist für sie eine Herausforderung, sich nicht nur mit sich selbst zu beschäftigen, sondern sich auch um andere benachteiligte Menschen zu kümmern. Sie fertigt zu Gunsten von Waisenkindern in

Namibia Karten und Windlichter und innerhalb von 4 Jahren sind so 68 000 € für das namibische Tonatini-Center zusammen gekommen. Von ihrem Geschick zeugen auch die schönen selbst gemalten Blumenbilder. Rosenquarz und eine Amethystdruse zieren Garten und Terrasse. Von dort sind Teich und ein großer Teil des Gartens zu überschauen. Drei hintereinander aufgestellte Rosenbögen führen von der Terrasse zum Pavillon. Die Rosen sind die besonderen Lieblinge in diesem Garten und in allen Formen und Farben vertreten. Die Ramblerrosen, die in die Bäume ranken, kamen nach dem Besuch verschiedener Gärten am Niederrhein (Offene Gartenpforte) in den Garten. Auch Rhododendron und Kamelien fühlen sich in diesem Garten wohl. Zusammen mit Nadelgehölzen und Kirschlorbeer in der Randbepflanzung sorgen sie auch im Winter für den grünen Rahmen. Das geschützte Kleinklima lässt Gartenorchideen, wie den Frauenschuh, Japanorchideen und das Knabenkraut wachsen. Ein Agapanthus überwintert draußen im Beet unter Schutz aus Fichtenzweigen und Laub. Freiland-Alpenveilchen blühen im Herbst unter den Buchen. Blütensträucher (Forsythia, Weigela, Cornus mas, Crataegus laev. 'Pauls Sccarlet') blühen im Frühjahr. Sommerflieder (Buddleja) und verschiedene Hortensien ergänzen die Rosenblüte das Jahr über. Gelbe Farbtupfer dazwischen sind Goldregen (Laburnum watererii 'Vossii') und Goldulme (Ulmus minor 'Wredei'). Stauden dürfen sich gerne ausbreiten. Besonders willig sind die Herbstanemonen (Anemone japonica, A. hupehensis), Türkischer Mohn (Papaver orientale) und Christrosen (Helleborus nigra und H. orientalis).

Fuchsien

Etwas Fachliches ...

Gartenspezifischer Überblick

Hochbeete haben eine feste Einfassung aus Holz, Stein oder Kunststoff. Sie sind für kleinste Gärten geeignet. Besonders für körperlich eingeschränkte Menschen sind höhere Arbeitsflächen und feste Wege Voraussetzung, um gärtnerisch aktiv zu sein.

Maße Breite: 120-150 cm, Höhe: 70-90 cm, Länge beliebig

Material der Einfassung: Holzbretter, Pfosten/Kanthölzer, Folie (Mulch- oder Teichfolie), feinmaschiger Draht gegen Eindringen von Wühlmäusen. Es gibt auch Bausätze aus Kunststoff und aus Holz.

Für die Befüllung

Grobe Äste, Zweige, Stroh oder Laub, Erde, Kompost

Aufbau des Hochbeetes

Lage/Standort sollte von allen Seiten gut erreichbar sein. Eine Ausrichtung von Norden nach Süden gibt den ganzen Tag relativ gleichmäßige Belichtung. Beim Aufbau sollte der Untergrund eben sein und die obere Schicht des Bodens abgegraben werden, um die Erde später mit zu verwenden. Die Pfosten werden in den Boden geschlagen. Bei einer Hochbeetlänge von mehr als 200 cm ist es sinnvoll, mehrere Pfosten für die Langseiten zu nehmen, damit sich die Seiten nach dem Befüllen nicht nach außen drücken.

An den Pfosten werden die Bretter angeschraubt, eine kurze Seite wird offen gelassen, um das Beet besser befüllen zu können. Vorher wird der Boden mit engmaschigem Draht belegt und an den Seiten befestigt. Diese werden als Schutz vor Feuchtigkeit mit Folie ausgekleidet.

Aufbau der Befüllung

30-50 cm Zweige und Äste

20-30 cm Laub und/oder Grassboden (was vorhanden ist)

30-40 cm Gartenerde mit reifem (fertigen) Kompost vermischt

Die Befüllung ist variabel; man kann auch Pflanzerde benutzen. Wichtig ist der Unterbau aus grobem Material für die Belüftung und die Wasserführung.

Der traditionelle Nutzgarten

Wie viel Ertrag an Salatgurken kann ein kleines Gewächshaus liefern?

Ein großes rechteckiges Stück Land, eingebettet in eine Wiese. Auf der Wiese stehen Obstbäume, geschützt durch eine Hecke aus Weißdorn. Ein alter Apfelbaum und höhere Sträucher stehen an den Grenzen zur Nachbarschaft.

Josef Schmitz, auch Gurkenjupp genannt, hat nicht nur als Wanderführer im Eifelverein einen Teil des neuen Eifelsteigs zu betreuen, sondern auch als Hobbygärtner seinen Garten mit kleinem Gewächshaus.

Er baut Kartoffeln, dicke Bohnen, Busch- und Stangenbohnen, Porree und die ganze Gemüsepalette an. Aber sein Herz ist bei den Gurken im Gewächshaus. Er führt Statistiken über Zeitpunkt der Reife und Erntemenge. Im Februar hat er die Salatgurken selber ausgesät. „Die sind viel besser als die veredelten", erzählt er. 'Sudica' und 'Saladin' sind seine Favoriten unter den Gurkensorten. Im Gewächshaus finden sich selbst gezogene Tomatensorten wie Sportiva, Harzfeuer und Vitella. Ab Mitte März werden die Jungpflanzen für den Garten im Warmen vorkultiviert.

Die im Herbst mit Mist und Kompost gedüngten und umgegrabenen Flächen werden nacheinander in die verschiedenen Beete eingeteilt und mit Kartoffeln,

Der Garten von Josef Schmitz in Blankenheim-Ripsdorf
Typischer Eifel-Nutzgarten, Anbau von Gemüse und Obst für den Eigenbedarf, ca. 600 m² groß

Möhren, Zwiebeln, Erbsen, dicken Bohnen, Stangen- und Buschbohnen, Kohl und Porree bepflanzt und eingesät.

Abgeerntete Flächen werden mit dem Bienenfreund eingesät. Auch anderen Gründünger hat er schon ausprobiert, aber mit Phacelia, dem "Bienenfreund" kommt er am besten zurecht. Im nächsten Jahr soll noch mehr Farbe ins Staudenbeet kommen. Bunte Stauden sind schon zahlreich vorhanden, ergänzt mit Löwenmäulchen und Strandflieder zum Trocknen.

Löwenmäulchen (Antirrhinum) und Mohn (Papaver)

Gartenspezifischer Überblick

Die Starkzehrer brauchen vor allem einen nährstoffreichen, aber nicht frisch gedüngten Boden. Wer mit Kompost und Mist düngen möchte, sollte im Spätsommer/Herbst die Beete für das kommende Jahr damit vorbereiten. Zu den Starkzehrern gehören:
Kartoffeln, Kohl, Kürbis, Porree, Tomaten, Sellerie, Zucchini.

Mittelzehrer werden bei einer Fruchtfolge im 2. Jahr auf den Beeten der Starkzehrer angebaut. Dabei sollten besonders Arten, die sich positiv beeinflussen, zusammen gepflanzt werden. Die Tomaten werden auch bei Fruchtfolge gerne am selben Standort angepflanzt. Zu den Mittelzehrern zählen:
Zwiebeln und Möhren, Rote Bete, Fenchel, Kopfsalat, Spinat, Kohlrabi.

Als Schwachzehrer werden die Gemüsearten bezeichnet, die als Nachkulturen oder Zwischenkulturen gezogen werden können. Erbsen und Bohnen sind in der Lage mit Hilfe von bestimmten Bakterien selbst Stickstoff zu produzieren. Deshalb werden sie oft zu den Schwachzehrern gerechnet. Sie wachsen aber meist besser, wenn sie einen auf einem mit Nährstoffen ausreichend versorgten Standort gepflanzt werden. Die Erträge sind dann gleichmäßiger und höher. Schwachzehrer sind z.B: Bohnen, Erbsen, Feldsalat, Kräuter, Kresse, Radieschen.

Folgende Pflanzenarten beeinflussen sich positiv:

- Kohl: Kapuzinerkresse-Dill-Kümmel
- Zucchini: Borretsch-Kapuzinerkresse
- Tomaten: Rosen-Petersilie-Zwiebeln
- Bohnen: Möhren-Sellerie-Ringelblume
- Rose: Schnittlauch-Tomaten-Knoblauch

Ein Bahnhof mit neuer Aufgabe

Ein spiritueller Garten

In der Gemeinde Blankenheim findet sich dieses Haus mit seinen ganz anderen Gartenideen. Kleine Inseln mit bedeutungsvollen Kräutern und Pflanzen sind im Lauf von 30 Jahren entstanden.

Die Gartenbewohner müssen mit einem extremen Standort zurechtkommen, sollen duften, essbar sein und möglichst blühend Schmetterlingen Nahrung bieten. Kleine Flächen des ehemaligen Bahnhofsgeländes werden nach und nach urbar gemacht. Nur Neupflanzungen werden gegossen und stark wuchernde – wie manche Minze – im Zaum gehalten. Im Kräuterbeet darf sich eine Walderdbeere verbreiten, aber Wildkräuter werden auch gejätet. Beerensträucher laden zum Ernten und Essen ein. Johannisbeeren, Stachelbeeren, Himbeeren und Sanddorn sind zu pflücken. Leuchtende Farben bringen im Frühjahr ausgesäte Ringelblumen und Kapuzinerkresse in das Gelände. Beide sind essbar und für manches Projekt gut zu verwenden. Eine Mulde, ein Gefäß oder ausgediente Stühle, Dinge, die gerade keine andere Aufgabe haben, werden umfunktioniert und mit Kompost befüllt und bepflanzt. Stühle haben für kleine Kinder genau die richtige Höhe zum Schnuppern der Duftminzen. Das Pflanzenorakel mit seinen leicht geschwungenen Pfaden und das Teegärtchen lassen sich entdecken. Mittlerweile bringen Gäste Pflanzen aus ihren eigenen Gärten mit und haben damit ein neues Beet entstehen lassen. Auch die Küchenkräuter nah am Haus werden für die von den Gästen selbst zubereiteten Mahlzeiten verwendet. Die Gäste des Hauses bringen von ihren Exkursionen oft verschiedene Fundstücke mit. Mal ist es ein knorri-

Der Garten vom ehemaligen Bahnhof in Blankenheim-Ahrdorf
Ein extremer Standort mit extensiver Pflege der originell angelegten Kräuterbeete und Gehölzpflanzungen

ger Ast, mal ein Tierschädel. Wie von Zauberhand fügen sie sich in die Pflanzengesellschaften ein. Besucher bekommen einen magischen oder auch spirituellen Eindruck von diesem sehr speziellen Garten.

„Orakel der Erde"
– oder auf verschlungenen Pfaden zu sich selbst

Horoskope sind Botschaften der Planeten, des Himmels, – „Orakel der Erde" vermittelt Botschaften aus dem Pflanzenreich, der Erde.

„Jeder Mensch zieht die Pflanze, die er braucht, wie ein Magnet an."
Paracelsus

Pflanzen sprechen uns Menschen an, wir müssen sie nur „hören".

Es gibt verschiedene Ebenen des Austausches zwischen Mensch und Pflanze:

Schilder aus Schiefer benennen die unterschiedlichen Kräuter

Salbei (Salvia officinalis) steht als Küchenkraut in der Nähe des Hauses

- wir essen sie, Pflanzen sind unser Hauptnahrungsmittel
- wir nutzen nach chemischer Analyse ihre Inhaltsstoffe als Arzneimittel
- dank Volksheilkunde und Erfahrungsaustausch wissen wir, wie wir Tees, Aufgüsse, Tinkturen, Salben aus Blüten, Blättern, Wurzeln der Heilkräutern zu unserem Wohlbefinden nutzen können
- Pflanzendüfte oder das Verräuchern von Pflanzen wirkt auf unser Seele
- es gibt die mythologische Stufe des Austausches, über magische, symbolhafte Geschichten und Rituale
- wir können uns auf rein geistiger Ebene mit Pflanzen austauschen, sie wirken wohltuend durch ihre reine Pflanzenanwesenheit (z.B. Zimmerpflanzen) oder den Gedanken an die Pflanze. Sie können uns eine neue Sichtweise zeigen auf das was uns gerade beschäftigt, oder durch eine Art Pflanzenmeditation zu Stressabbau und Wohlbefinden beitragen

'e Gäste bringen oft von ihren Exkursionen Fundstücke mit

„Orakel der Erde“ ist eine begehbare Spirale, in der ausgewählte Pflanzen angeordnet sind.

Der Weg zum Zentrum steht symbolisch für den Weg zu sich selbst, zur eigenen Mitte. Der Weg hinaus ist der Weg zurück in den Alltag.

„Orakel der Erde“ regt dich an zu einem intensiven, ernsthaften, spielerischen Zwiegespräch auf geistiger Ebene mit der Pflanze deiner Wahl.

Es gibt keine Führung durch die Spirale. Lass dich von den Pflanzen leiten. Welche Pflanze zieht dich heute – jetzt im Moment – besonders an.

Die Pflanzen der Spirale haben keine Namen, hast du dich für eine entschieden, so wirst du daneben eine Zahl finden. Die 13 Pflanzen des Orakels werden später mit Namen und Bedeutung erklärt.

Die Pflanzenauswahl erfolgte unter folgenden Prämissen: Berücksichtigung des Standortes, möglichst winterhart, einheimisch, robust, vielleicht auch als Topfpflanze geeignet, Wirkung der Pflanze auf den Menschen.

Das Wissen über Heilpflanzen hat die Gärtnerin aus verschiedenen Seminaren und durch ein Seminar über biologischen Gartenbau der Bauernschule Hohenlohe erhalten. 25 Jahre eigene Erfahrungen und Beobachtungen in der Eifel sowie Fachliteratur ergänzen ihren Wissensschatz.

Löwenzahn

„Neben meinen uralten Heilkräften, die du aus meinen Wurzeln, Stängeln, Blättern und Blüten gewinnst, trage ich noch eine andere Weisheit in mir. Sieh, ich bin frei, ich habe keinen festen Platz in einem Kräutergarten, ich lebe dort, wo der Wind mich hinträgt.

Graue Mauern und dunkle Ecken lasse ich erblühen, geteerte Wege durchbreche ich, hoch oben, fernab der Erde, auf dem Dach eines Hochhauses, schlage ich Wurzeln und auch tief unten im Graben. Ich säume den Rand der Wege, ich verwandle Wiesen in ein gelbes Sternenmeer.

So ist mein Leben voller Leben und Einsamkeit, voller Härte und Weichheit, voller Licht und voller Dunkelheit, voller Enge und Weite, voller Geschrei und voller Stille.

So werde ich gehasst und geliebt, beachtet und nicht beachtet, so bin ich hässlich in manchen Augen und wunderschön, bin stark wie ein Löwe oder schwach und zart, so dass der Wind mich leicht an einen anderen Ort tragen kann und ein neuer Prozess, ein neues Leben entstehen kann.

Nie sterbe ich, ich verwandle mich nur.
Verstehst du meine Botschaft?
Geh' wohin der Wind dich trägt, wurzle dort, wo immer das Leben dich hinträgt."

Text : Myriaam Rosen

Etwas Fachliches ...

Gartenspezifischer Überblick

Die 13 Pflanzen der Spirale:

Thymian	Mut, Selbstwertgefühl, Durchsetzungsvermögen
Ysop	Konzentration, Klarheit
Königskerze	Aufrichtigkeit, stärkt dir den Rücken
Beifuss	eine Schutzpflanze
Schafsgarbe	Reinigung und Stärkung
Gänseblümchen	Lebensfreude
Lavendel	Entspannung, Beruhigung, Antidepressiva
Rose	Blüte des Herzens
Vergiss-mein-nicht	innehalten, vergiss dich nicht
Zitronenmelisse	Harmonie, Sonne tanken
Minze	Gedächtnis stärkend, Konzentration
Odermenning	inneres und äußeres Gleichgewicht
Löwenzahn	gehe wohin der Wind dich trägt

nsicht des alten Bahnhofs

Der Garten des Ehepaares Mellinghoff in Blankenheim-Hüngersdorf
1000 m² großes Grundstück mit vielfältiger Bepflanzung. Eindrucksvolle Laub- und Nadelgehölze haben in diesem Garten Platz. Am Teich dominieren Gräser und Stauden. Selbst gemachte Gartendekorationen sind liebevoll im Garten verteilt

Es war einmal eine alte Schafswiese …

Ein ganz persönlicher Gartentraum

Auf 500 m Höhe liegen Haus und Garten des Ehepaars Mellinghoff.

Das Haus entstand zuerst, nach und nach wanderte ein Kalkstein nach dem anderen auf einen Haufen. „So schlechter Boden, da wächst nichts anderes als Gras", hieß es. Doch die eifrigen zukünftigen Gartenbesitzer wollten daran nicht glauben. Ein Loch für den Teich war schon beim Hausbau mit ausgebaggert worden. Die angesammelten Steine kamen genau richtig für die Randbefestigung. Der Rest verschwand unter dem Hügel, auf dem die Randbepflanzung des Grundstückes wächst.

Mit viel Erde und Kompost werden alle Gartenpflanzen im Wachsen unterstützt. Pflanzen und Gehölze, die gefallen, werden in den Garten gepflanzt. Es gibt keinen Plan, es wird ausprobiert, ob der Standort richtig ist. Rosen werden erfolgreich mit Storchenschnabel unterpflanzt. Eisenhut (Aconitum napellus) gedeiht prächtig neben einem Sanddorn (Hippophae rhamnoides). Blütensträucher und große Scheinzypressen rahmen Teich und Wiese ein. Dort fallen die weiß gerandeten Blätter der Spitzahornsorte 'Drummondii' auf. Ein Amberbaum (Liquidambar styraciflua) verströmt seinen aromatischen Duft, wenn man leicht die Blätter reibt. Drei Hängefichten (Picea abies 'Inversa') wirken mit ihrer geschlossenen Erscheinung wie Kapuzengestal-

Skulptur in Purpurglöckchen (Heuchera ‚Chocolate Ruffles')

ten. Viele Töpfe und Kübel beherbergen Hortensien, Buchsbaum, Lavendel und Bergenien. Auch gefundene oder selbst ausgesäte Pflanzen werden erst im Topf vorkultiviert, um dann einen Platz im Garten zu finden. Eine Blaue Hängezeder (Cedrus atlantica 'Pendula') im Kübel hat eine außergewöhnliche Funktion: Sie begrenzt mit ihren hängenden Zweigen wie ein Wasserfall den Eingangsbereich.

Noch mehr reizvolle Kombinationen kann man bei einem Rundgang entdecken. Blaue Mädchenkiefer (Pinus parviflora 'Glauca') und Ginkgo (Ginkgo biloba), aber auch eine auf Stamm gezogene Weigelie (Weigela 'Bristol Ruby') mit einer Unterpflanzung aus gelb blühendem Rainfarn (Tanacetum vulgare) sind zu sehen. Am Teich sitzen selbst getöpferte Figuren – teilweise farbenfroh bemalt –

Hängefichte (Picea abies 'Inversa')

auf Sockeln und Stöcken. Gräser und verschiedene Stauden rahmen das kleine Gewässer ein und lenken den Blick des Betrachters immer wieder auf die zwischen ihnen teilweise verborgenen Skulpturen und Masken.

Der Drummond-Ahorn (Acer platanoides 'Drummondii') belebt das Gartengrün

Blauer Storchschnabel (Geranium himalayense) trifft Ringelblume (Calendula)

Der Ginkgo (Ginkgo biloba) wird in Deutschland auch Fächerblattbaum oder Elefantenohrbaum genannt.

Die Gold-Gleditschie (Gledtia triacanthus 'Sunburst') liebt es geschützt

Etwas Fachliches ...

Gartenspezifischer Überblick

Die interessanten Nadelgehölze sind in diesem Garten besonders auffallend. Die leicht skurril wirkende Hängefichte (Picea abies 'Inversa') stellt an Boden und Standort keine großen Ansprüche. Allerdings sollte der Boden nicht zu trocken sein. Das gilt auch für die Blaue Mädchen-Kiefer (Pinus parviflora 'Glauca'), die lieber in saurer Erde wächst. Für Moorbeete eignet sie sich gut. In diesem Garten steht der Ginkgobaum, auch Fächerblattbaum genannt, in Gesellschaft mit der Blauen Mädchenkiefer. Der Ginkgo (Gingko biloba) gehört weder zu den Nadel- noch zu den Laubgehölzen. Vor über 250 Millionen Jahren wuchs er schon auf der Erde und ist das einzig lebende Fossil unter den Baumarten. Dieser Baum ist in jungen Jahren etwas frostempfindlich, aber nach dem Einwurzeln völlig frosthart, gesund und unkompliziert. Genügend Platz sollte man ihm aber gewähren, da er sich zu einem großen und breiten Baum entwickeln kann. Platz braucht auch der eher selten in Gärten anzutreffende Drummonds-Ahorn (Acer platanoides 'Drummondii'). Seine Schönheit mit den weiß gerandeten Blättern kommt am besten in Einzelstellung zur Geltung. Er mag keine zu sauren Standorte. Die gelbe Gold-Gleditschie nimmt den hellen Grünton auf und verbreitet auch im Sommer Frühlingsstimmung. Etwas frostempfindlich fühlt sie sich zwischen anderen Gehölzen wohl.

Der etwas andere Stadtgarten

Haus und Hoffläche stehen unter Denkmalschutz

Das Haus der Weltbürgerin Lydia Fisk steht im Schutze der alten Euskirchener Stadtmauer.

Nach vielen Jahren im Ausland wohnt sie in einem historischen Haus der Altstadt. Eine schmale Gasse führte noch vor 15 Jahren zwischen Haus und Stadtmauer in Richtung der Kirche St. Martin. Nach Schließung des Durchgangs sammelten sich in der Sackgasse gerne dunkle Gestalten und verschmutzten regelmäßig Haus und Flächen. Die Hausherrn bemühten sich um eine Lösung dieses Problems, aber die Gasse war öffentliches Eigentum und mit ihrem 700 Jahre alten Pflaster zudem auch noch ein Bodendenkmal. Nach langem Ringen mit den Ämtern durften sie die Sackgasse mit einem Tor verschließen, welches natürlich zu dem denkmalgeschützten Haus passen musste.

Endlich waren Kübel und Töpfe vor Vandalen sicher. Sommerblumen und Immergrüne gedeihen prächtig. Eine Olive erinnert die Hausherrin an ihre Zeit in Grenada, auch Haus und Hof mit der besonderen Lage an der Mauer strahlen ein südliches Flair aus.

Die alte Mauer ist teilweise mit altem Efeu bewachsen, so ist auch im Winter ein Stück Grün zu sehen. Ein Vorbesitzer des Hauses siedelte am Fuß der Mauer einen Bambus an. An den von Efeu befreiten Mauerflächen dürfen mit offizieller Genehmigung Weinreben ge-

Der Garten von Lydia Fisk in Euskirchen
Schmaler und lang gezogener Kübelgarten in Euskirchen, Stadtmauer und Kirche begrenzen die Sicht in und aus dem Garten

pflanzt werden. Die warme Südlage wird sicher vorzüglich schmeckende Weintrauben ergeben.

Die immergrünen Buchsbäume und Stechpalmen wachsen in großen Kübeln und werden regelmäßig umgetopft und nach Bedarf geschnitten. Pflegeleicht und robust müssen die Pflanzen der viel beschäftigten Konzertveranstalterin sein. Bei ihren gut besuchten Haus- und Hofkonzerten sind die Kübelpflanzen leicht umzustellen.

Das neue Tor passt gut in die historische Umgebung

Etwas Fachliches ...

Gartenspezifischer Überblick

Pflanzenkultur in Töpfen und Kübeln

Wer einen versiegelten Hof hat, kann sich oft nur mit Pflanzen in Töpfen und Kübeln einen Garten schaffen. Schnell ist ein dekoratives und gleichzeitig mobiles ‚Grün' aufgestellt. Blühende und immergrüne Pflanzen sind für eine abwechslungsreiche Gestaltung wichtig. Auch unterschiedliche Größen, Wuchsformen und Blattfarben machen einen Topf- und Kübelgarten interessant. Bei Nichtgefallen oder auch bei nicht mehr schönen Pflanzen kann ausgetauscht oder die zurzeit attraktiven Pflanzen in den Vordergrund gerückt werden.

Pflanzen mit den unterschiedlichsten Ansprüchen können auf engstem Raum zusammen gedeihen, z.B.: Gewürze mit Obst, Mediterrane mit Moorbeetpflanzen, Rosen mit Kakteen oder Dachwurz. Bei der Auswahl der Pflanzen sollte die Pflegeintensität berücksichtigt werden. Dazu entsprechend passende Kübel und Kästen auswählen und sich überlegen, was im Winter mit den bepflanzten Kübeln geschehen soll. Winterharte brauchen nur einen leichten Winterschutz und können an Ort und Stelle bleiben. Viele Kübelpflanzen lassen sich problemlos an einem frostfreien, kühlen und hellen Ort überwintern, vorausgesetzt, es steht ein solcher Raum zur Verfügung. Garage, dunkle Kellerräume und warme Stuben sind leider nicht so gut dafür geeignet.

Für die Pflanzenwahl erst einmal den Standort genau bestimmen. Dann die Funktion des Kübels überlegen: Sichtschutz, blühend, duftend, eventuell Essbares kultivieren, besondere Pflanzen wie Stauden, Rosen, Gräser, ...

er Sitzplatz gewinnt durch die weißen Kieselsteine optisch an Größe.

Ein Garten zur Entspannung

Der Osthang wird zur Gartenoase

Ein Garten zur Erholung wollten sie sich einrichten mit Sitzplatz, Feuerstelle, Teich und Gartenhäuschen. Seit über 12 Jahren entwickelt das Ehepaar Lock immer wieder neue Ideen für ihren Garten. Dies betrifft nicht nur die Garteneinrichtung, sondern auch die Pflanzen. So werden zu groß gewachsene Scheinzypressen und Eiben zu Kugelformen geschnitten. Der jahrelang kränkelnde Kirschbaum ist irgendwann kurzerhand gefällt worden.

Eine blaue Clematis rankt sich dekorativ in den Sauerkirschbaum. Besonders auffallend ist aber die schöne Blutzierpflaume (Prunus cerasifera 'Nigra') am runden Sitzplatz. Sie wirkt mit ihrem dunklen Laub wie der Mittelpunkt des Gartens. Im Sommer sind dort die letzten Sonnenstrahlen zu finden. Dahlien und Astern geben Farbe in den grünen Garten.

Im Frühjahr dominiert der Flammende Hahnenfuß (Ranuculus flammula) den Teich mit seiner gelben Blüte. Ab Juli eingerahmt mit Garten-Bambus (Fargesia murielia) blüht dann der Blutweiderich (Lythrum salicaria) zusammen mit Riesen-Funkien (Hosta elata) und Rohrkolben (Typha angustifolia).

Das Violettrosa des Blutweiderichs harmoniert mit den hohen hellvioletten Blütenständen der Riesen-Funkien. Die großen ornamentalen Blätter der Funkien kommen am Teich in ihrer Struktur sehr gut zur Geltung.

Der Garten des Ehepaares Lock in Blankenheim
Ein Garten am bewaldeten Hang. Besonders fallen zu Kugeln geschnittene Koniferen auf. Teich und Sitzplatz sind zentrale Punkte dieses knapp 800 m² großen Gartens

Die Fische sind die Freude des Enkels und werden regelmäßig von ihm angelockt und gefüttert. Den Rest der Teichpflege übernimmt der Großvater gerne. Frauensache sind die anderen Gartenpflanzen. Unter der Regie von Frau Lock wird der Garten mit Dahlien und Sommerblumen bepflanzt und gepflegt.

Gartenteich mit wenigen imposanten Pflanz

Kugelformen aus Scheinzypressen

Etwas Fachliches ...

Gartenspezifischer Überblick

Mit ein bisschen Glück und Geschick können aus Koniferen, die sich zu stark im Garten entwickeln, Formen geschnitten werden. Eiben (Taxus baccata) sind als Formgehölze ideal. Ihre dunkelgrünen Nadeln sind sehr schnittverträglich. Willig treiben Eiben an alten Zweigen und Ästen neu aus, so kann man getrost eine zu große Pflanze stark ins alte Holz zurückschneiden.
Wenige, aber eindrucksvolle Pflanzen am Gartenteich lassen einen kleinen Teich größer erscheinen. Auch die Pflege wird durch wenige Pflanzen deutlich leichter.
Ein durch dunkelrotes Blattwerk auffallender Baum ist die Blutzierpflaume (Prunus cerasifera 'Nigra'). Sein farblicher Kontrast ist bei soviel grünen Bäumen in der Nachbarschaft eine Wohltat für das Auge des Betrachters, außerdem wird damit der Blick des Besuchers in den Garten gerichtet.

Ungarischer Kesselgulasch

Am besten schmeckt das Gulasch, wenn es in einem gusseisernen Kessel über offenem Feuer zubereitet wird.

Rezept
für 4 Personen

Sie benötigen:

1 kg Rindfleisch

3 Zwiebeln

3-4 Knoblauchzehen

durchwachsenen Speck

Öl zum Anbraten

3 rote Paprika

2-3 Kartoffeln

Salz, Pfeffer, Chili

Zubereitung:

Zwiebeln und Knoblauch im Öl anschwitzen, durchwachsenen Speck klein schneiden und mit braten. Gewürfeltes Rindfleisch hinzugeben und scharf anbraten. Mit Brühe aufgießen und ca. 1 Stunde köcheln lassen. Kartoffeln und Paprika würfeln und zum Ende hinzufügen. Alles gut mit Salz und Pfeffer abschmecken; nach Geschmack Chili für die Schärfe.

Der Garten von Arthur Hanf in Hollerath

Ein ungarischer Brunnen und Efeu fallen in diesem Garten sofort ins Auge. Eine sehr unkonventionelle Art, seinen Garten mit wenigen Pflanzenarten zu gestalten.

Der Efeugarten

Der unkonventionelle Garten eines Bastlers

Schon die Einfahrt des Grundstücks von Arthur Hanf ist mit Efeu bewachsen. Die immergrüne Kletterpflanze wächst überall. Efeusäulen säumen den Grundstücksrand. „Die kahlen Stämme der Fichten und Douglasien wollte ich damals begrünen", erzählt der 85jährige. Da war der Efeu die erste Wahl in dem Höhenort Hollerath. Auf über 500 m Höhe gibt es kaum eine andere Auswahl immergrüner Kletterpflanzen. Mittlerweile sind die Pflanzen 7-10 m hoch in die Bäume geklettert. Der rüstige Rentner klettert selbst zwecks Schnitt-Pflege in die Baumkronen. Neben der Pflege des Gartens bastelt und baut er Windspiele aus Blech. Eigentlich ist alles auf dem Grundstück selbst hergestellt. Der große Backofen aus alten gebrauchten Schamottsteinen wird von der ganzen Nachbarschaft zum Brotbacken genutzt. Wenn das Wasser einmal knapp werden sollte, kein Problem: der alte Brunnen wurde von ihm wieder in Betrieb genommen. Die ungarische Bauweise passt zum unkonventionellen Erbauer und seinem ungewöhnlichen Garten.

Niederschlag und Temperatur misst er genauso regelmäßig wie er sein Schwimmbecken reinigt und den Kies wäscht. Dank des Brunnens ist jederzeit genügend Wasser vorhanden. Ein Herz für Pflanzen zeigt er, indem die für den Balkon seiner Tochter zu groß ge-

wordenen Hortensien und andere Kübelbewohner in seinem Garten ein neues Heim finden. Die Enkelkinder haben eine Riesenschaukel, damit sie „in den Himmel" schaukeln können.

Efeu bildet auch im Winter ein grünes Dach.

Selbstgebautes Wasserspie

Backofen aus Schamottsteinen

Etwas Fachliches ...

Gartenspezifischer Überblick

Efeu (Hedera helix) ist verwandt mit der Aralie (Aralia elata) und eine einheimische immergrüne Kletterpflanze. In und unter Bäumen und Sträuchern ist der Efeu fähig zu wachsen. Auch als Boden bedeckendes Gehölz für sehr schattige Standorte ist er geeignet. Wir nutzen seine Eigenschaften zur Begrünung von Mauern, Zäunen und Hauswänden. Hässliche Ecken deckt er mit seinen immergrünen Blättern dauerhaft zu. Auch Baumruinen bekommen wieder Leben durch einen Bewuchs mit Efeu. Sehr lang andauernde Barfröste können ihm schon mal zu schaffen machen, aber er treibt danach wieder willig aus. Auch einen starken Rückschnitt verträgt Efeu ohne Probleme. Zuviel Feuchtigkeit auf den Blättern mag er genauso wenig wie pralle Sonne und permanente Trockenheit.

Beliebt bei den Floristen sind die gelbgrünen Blütenstände mit anschließend blauschwarzen Beeren, die im Herbst an den Altersformen entstehen. Dekorativ sind auch die großen Blätter mit gelber Zeichnung vom Elefantenohr-Efeu (Hedera colchica 'Dentata Variegata' und H. c. 'Sulphur Heart').

Der Efeu bietet Vögeln und anderem Getier auch im Winter Schutz und Nistmöglichkeiten. Fassaden bekommen mit seinem Bewuchs eine kostenlose Isolation. Leider macht er auch nicht vor Dächern und Mauerritzen halt und wächst unverschämt ins Innere. Seine Haftwurzeln sind jederzeit in der Lage, sich in richtige Wurzeln umzuwandeln, wenn genügend Feuchtigkeit und krümeliger Mörtel einer defekten Wand vorhanden sind.

Die alte Kornmühle in Eiserfey

Ein seit Generationen genutzter Gemüsegarten

1597 wird die alte Mühle schon als „Zwangsmühle zu Vussem“ in den historischen Archiven erwähnt. In den Nachkriegsjahren lief noch das alte Mühlenrad, um den Bauern das Korn zu mahlen. Die Familie des Müllers komplettierte ihre Ernährung, wie die übrige Landbevölkerung auch, aus dem Gemüsegarten. Die letzte Müllersfrau bewirtschaftet noch heute gemeinsam mit Tochter und Schwester den Garten. Alles Gemüse wird verarbeitet. „Früher gab es hauptsächlich Weckgläser und Gärtöpfe zur Konservierung“, erzählt Frau Breuer, „heute frieren wir viel Gemüse und Beeren ein. Das braucht nicht ganz soviel Zeit.“

Im Winter sitzen Mutter und Tochter zusammen und studieren die Samenkataloge. Vor allem bei Gärtner Pötschke wird gerne bestellt. Was in den Vorjahren erfolgreich angepflanzt, wird wieder geordert. Die Brokkolisorte Penta und die Zucchini Merza waren in diesem Jahr besonders gut. Viele verschiedene Salate sind bei der ganzen Familie beliebt: Dynamite, Batavia, Lollo Rosso, Nabuco, Endivien und Feldsalat. Auf dem fruchtbaren, eher leichten Boden wachsen auch Möhren, Erbsen und Bohnen gut. Regelmäßiger Fruchtwechsel auf den Beeten und Kompostgaben im Frühjahr lassen die Ernte stets gut ausfallen. Die Tochter liebt besonders farbenfrohe Blumenbeete. Gerne experimentiert sie mit neuen Sorten. Tagetes sind als Lückenfüller und Farbtupfen im Garten zu finden.

Der Garten der Schwestern Breuer/Stroht in Eiserfey
Die historische Mühle ist ein kleines Museum und hat außerdem einen großen Gemüsegarten, der hauptsächlich der Versorgung der Familie dient. Viele bunte Sommerblumen schmücken Haus und Garten.

Der Mühlenbach versorgt das Grundstück mit Wasser, aber hält auch das Kleinklima kühl und spätfrostgefährdet. Deshalb werden die Aussaaten oft später vorgenommen oder durch ein mobiles Frühbeet geschützt. Teilweise ist die Anzucht auf der Fensterbank besser als die Direktaussaat ins Freilandbeet.

Aussaat- und Pflanztipps

Möhren mit blauen Kornblumen zusammen aussäen.

Tomaten mit Petersilie unterpflanzen.

Zwiebeln, Lauch und Schnittlauch in der Staudenrabatte blühen lassen.

Dill und Pflücksalat miteinander kombinieren.

Mais und Topinambur sehen auch gut in großen Kübeln aus.

Mangold mit bunten Stängeln schmückt auch die Blumenbeete.

Salat kann auch als Beetbegrenzung gepflanzt werden.

Feuerbohnen, Erbsen und andere rankende Gemüse beranken auch dekorative Rankhilfen in anderen Gartenteilen.

Etwas Fachliches …

Gartenspezifischer Überblick

Anbauplanung ist ein wichtiger Bestandteil für die erfolgreiche Kultur von Gemüse im eigenen Garten. Der regelmäßige Wechsel der Beete und die Zufuhr von Kompost oder Mist für die Ernährung der Nutzpflanzen sollen die Pflanzen gesund erhalten. Auch davon hängt natürlich der Ernteerfolg ab. Zusätzlich bestimmen Standort, Sortenwahl und die jedes Jahr anders verlaufende Witterung das Wachstum der Pflanzen. Die für jede Kultur spezifischen Ansprüche an Boden und Klima müssen mit den vorhandenen Bedingungen verglichen werden. Widerstandsfähige und robuste Sorten haben eine größere Anbaubreite. Es ist immer das spezielle Kleinklima des Gartens bei der Kulturführung zu beachten. Experimentieren ist nicht nur erlaubt, sondern auch eine neue Erfahrung für jeden Gartenmenschen. Erfolg macht stolz und Erfahrung sichert den Umgang mit Pflanzen und Natur. Die eigene Ernte von Obst und Gemüse ist außerdem eine Bereicherung für die gesunde Ernährung. Archaisch ist die eigene Produktion von Nahrungsmitteln unter Einsatz der eigenen Arbeit. Kinder erleben, wie aus einem kleinen Samenkorn eine Möhre, ein Salat oder ein Kohlkopf entsteht. Das Gießen, Unkraut zupfen und Schädlinge absammeln gehört dazu, um erfolgreich ernten zu können.

Schnippelbohnen

Die grünen Bohnen, die nicht zum Einwecken oder Einfrieren gebraucht werden, werden in kleine Stücke geschnitten (geschnippelt) und zu einem köstlichen Eintopf oder auch als Beilage verarbeitet.

Die Schwestern beim Bohnen putzen

Rezept

Sie benötigen:

1 kg frische oder tiefgekühlte Buschbohnen

100 g gewürfelter fetter Speck

1 Zwiebel

500 ml Gemüsebrühe

1 EL Mehl

300 ml Sahne

Salz und Pfeffer zum Abschmecken

Bohnenkraut nach Geschmack

Zubereitung:

Die Bohnen waschen, putzen und in kleine Stücke schnippeln. Zwiebel in kleine Stücke schneiden. Den gewürfelten Speck nun in einem Topf auslassen und die Zwiebel darin glasig anschwitzen. Die Bohnen zugeben, mit Gemüsebrühe auffüllen und ca. 30-40 Minuten garen. Nach Ende der Garzeit das Mehl unter die Bohnen rühren und weitere 10 Minuten garen. Zum Schluss mit Salz und Pfeffer abschmecken und zuletzt Sahne unterrühren. Sofort servieren.

Der Garten des Ehepaares Körner in Miescheid
Der angelegte Heidegarten geht schnell in einen Naturgarten über. Auf 10000 m² dürfen sich Wildstauden und Wiesenkräuter selbst verbreiten. Ein Biotop für Tier und Pflanze ist in diesem Garten über Jahrzehnte entstanden.

Ein Garten in Hanglage

Ein Naturgarten der etwas anderen Art

Jahrelang erlebte das Ehepaar Körner die Eifel nur als Naherholungsgebiet. Im Winter zog es sie nach Udenbreth zum Skifahren. Wohnen wollten sie in dieser Gegend nicht unbedingt, aber die Natur hatte es den beiden schon vor 30 Jahren angetan. Verliebt haben sie sich in das riesige Naturgrundstück bei Udenbreth. Das Haus brauchte 10 Jahre, bis es so umgebaut war, dass es ihnen gefiel.

Der am Südhang entstandene Garten wirkt trotz seiner Bepflanzung mit Bäumen und Sträuchern und einer Teichanlage immer noch sehr natürlich. Die großen Wiesenflächen werden nur einmal im Jahr nach der Blüte der Wildkräuter gemäht. Dadurch hat sich wieder das gefleckte Knabenkraut (Dactylorhiza maculata), eine heimische Wildorchidee, angesiedelt. Auch viele Libellen und Amphibien fühlen sich am Teich wohl. Geburtshelferkröten und Molche lassen sich am und im Wasser beobachten. Im Sommer lässt der Wiesenwurz, auch Schlangen-Wiesenknöterich (Bistorta officinalis) genannt, mit seinen Blüten die Wiese rosa schimmern. Auf dieser Wiese und am Teich dürfen sich wilde und gepflanzte Stauden frei entwickeln. Zwischen Forsythien und Pfeifensträuchern wachsen wilde und gepflanzte Stauden miteinander. Goldgelber Ginster verstärkt im Frühjahr mit seiner weit leuchtenden Blüte

Zweifarbige Lupinen

Benediktinerdistel (*Cnicus benedictus*)

den Eindruck von unberührter Natur. Näher zum Haus bemerkt man schon die gartenanlegende Hand der Frau Körner. Große Flächen sind mit Sommerheide (Calluna vulgaris) und Winterheide (Erica herbacea) bepflanzt. Koniferen und Steine ergänzen den Heidegarten.

„Gartenarbeit im Sommer und Skifahren und Rodeln mit den Enkelkindern im Winter halten uns jung"; erzählt Frau Körner lachend und zeigt auf den gut 150 Meter langen Abhang am Rand der Terrasse.

Etwas Fachliches ...

Gartenspezifischer Überblick

Wildstauden sind in diesem Garten erwünscht. Gepflanzte Stauden dürfen und sollen sogar verwildern. Feuchter, eher saurer Boden in einer Höhenlage von über 600 m macht diesen Stauden nichts aus:
Akelei (Aquilegia vulgaris), wilde Malve (Malva moschata), Fingerhut (Digitalis purpurea), Wiesenschwertlilie (Iris sibirica), Wiesenmargerite (Leucanthemum vulgare), Mädisüß (Filipendula vulgaris), Eisenhut (Aconitum napellus), Wiesen-Storchschnabel (Geranium pratense), Lupine (Lupinus angustifolius), Weidenröschen (Epilobium angustifolium) und Goldrute (Solidago caesia).
Ausdauer ist eine Eigenschaft, die diese Gartenliebhaber auszeichnet. Ein Naturgarten durchlebt kleine, langsame Veränderungen. Die Wildpflanzen reagieren schneller auf Veränderungen als unsere Kulturstauden. Künstliches Düngen und zuviel Mähen machen ihnen auf der Wiese schnell den Garaus.

Der Garten des Ehepaares Schlagloth in Imgenbroich
Über 3000 m² Rosen und ihre Begleiter, in einer Höhenlage über 550 m

Der Rosengarten

Die Gartenkönigin auf stolzer Eifelhöhe

Dieser großzügige Rosengarten mit über 3000 m² ist auf einer Höhe von 556 m eine Rarität. Das Klima ist deutlich rauer und die Vegetationszeit sehr viel kürzer als in niedrigeren Regionen. Leidenschaft und Einsatz des Ehepaares Schlagloth wiegen diese Nachteile mehr als auf.

Der selbst gegrabene Brunnen versorgt alle Pflanzen mit Wasser. Allein 125 Stunden hat der Rosenfreund – er wird von seinen Freunden Ramblerjupp genannt – gegraben und sich durch den felsigen Untergrund gemeißelt. Der ehemalige Schlosser liebt die Arbeit in der Natur, ein Ausgleich zu seiner Arbeit in einem Behindertenheim. Mit seiner Frau teilt er sich die Gartenarbeit. Viele Touren zu Rosengärten und Rosenbaumschulen haben ihre Rosenlust gestärkt. Gut gefallen haben ihnen die Rosarien Sangershausen, Lokum, Trier, Steinfurth, Nells Park in Et Ville. Besonders robuste und frostharte Rosen werden gepflanzt, aber auch selber durch Stecklinge vermehrt.

Eine Lindenallee bildet den Zugang zum Grundstück. Vor wenigen Jahren wurden Ramblerrosen und Clematis an jeden Baum gesetzt. Überall sind Beete entstanden mit Rankbögen und Gerüsten. Die werden selbst entworfen und dann aus Metall geschweißt.

Zu den Rosen haben sich in einer etwas beschatteten

Selbstgebaute Rankgerüste

Ecke auf dem Aushub des Brunnens Moorbeetpflanzen gesellt. Rhododendron und Kalmien sind dort zu bewundern.

Wasser wird zusätzlich in Wannen aus Edelstahl gesammelt, dort erwärmt es sich von alleine und wird dann zum Gießen benutzt. Mit EM (Effektiven Mikroorganismen) versetztes Wasser wird zur Pflanzenstärkung genommen. Die Düngung der Rosen erfolgt eher konventionell mit Stickstoff betontem Mineraldünger. Der Grasschnitt wird auf den Beeten verteilt, schützt vor schneller Austrocknung und spendet dem Boden Humus.

Die insgesamt über 300 verschiedenen Rosensorten werden umrahmt mit Liguster, Flieder, Pfeifenstrauch und Weißdorn. Hartriegelsträucher bringen mit ihren weißgrünen Blättern Abwechs-

lung in das grüne Blattwerk der anderen Sträucher. Die Rhododendren stehlen den Rosen nicht den Blick des Betrachters, ihre Blüte zeigen sie vor den Rosen.

Die Taglilien bringen im Sommer Farbe ins Moorbeet, auch der Fingerhut darf überall blühen. Er sät sich selber aus und darf so über das Gelände wandern. Akelei im Frühjahr, Rittersporn im Sommer und Eisenhut im Herbst begleiten die Gartenkönigin.

osenbegleiter Zierlauch (*Allium*)

Dreimasterblume (Tradescantia)

Rosensorten, die besonders robust sind, wachsen in höheren Regionen besser:

- Strauchrosen: Lichtkönigin Lucia, Schneewittchen, Hansaland
- Beetrosen: Rapsody in Blue, Red Leonardo da Vinci, Penelope
- Edelrosen: Sebastian Kneipp, Doris Twistermann, Frederic Mistral, Duftrausch, Elbflorenz, Heimatmelodie
- Kletterrosen: The Alchymist, Gishlane de Feligonde, Naheglut
- 32 Rambler: Bobby James, Himalayans Musc, Arndt Rambler
- Historische Rosen: Rose De Resht, Reine de Violettes
- Englische Rosen: Graham Thomas, Pat Austin, Shropshire Lad

Etwas Fachliches …

Gartenspezifischer Überblick

Rosen im Garten

Rosen blühen vom Frühsommer bis in den späten Herbst. Sie sind langlebige, vielseitige und pflegeleichte Gartenbewohner, wenn man sich vor der Pflanzung mit ihren Eigenschaften und Ansprüchen beschäftigt. Die tief wurzelnde Rose übersteht Trockenperioden meist sehr gut. Je nach Sorte hat sie eher Probleme mit Frost und zuviel Niederschlägen. Der Gärtner oder auch die Sortenbeschreibungen der Züchter geben über die Eigenschaften der Sorten Auskunft.

ADR (anerkannte deutsche Rose) ist ein Gütesiegel, das der in den Rosengärten Deutschlands geprüften Rosensorte eine gute Eignung für verschiedene Regionen bescheinigt.

Gartengestaltung

Wer sich einen Duftgarten anlegen möchte, sollte vorher einmal die verschiedenartigen Düfte der einzelnen Rosensorten riechen. Der bekannte Rosenzüchter David Austin beschreibt den Duft jeder englischen Rosensorte, die er gezüchtet hat.

Im Kübel sind Rosen auch schöne und gut geeignete Terrassenpflanzen, die den ganzen Sommer bis in den Winter blühen.

Die Hausbegrünung mit stark wachsenden Kletterrosen funktioniert nur, wenn Kletterhilfen angebracht werden. Als dekorativer Schmuck an der Hauswand sind Kletterrosen unübertroffen. Auch an Zäunen, Mauern und in alten Bäumen rankend sind Kletterrosen eine Zierde.

Hecken aus Wildrosen oder Strauchrosen halten unliebsamen Besuch im Garten fern. Auch eine abgeschirmte Sitzecke mit Rosenduft ist attraktiv.

In Wildgehölzhecken dürfen Wildrosen als Nahrungsquelle und Vogelschutzgehölz nicht fehlen.

Eine historische Parklandschaft

Romantik pur!

Ein historisches Gebäude mit einem ebenso historischen Park. Der ehemalige Besitz der Herren zu Arenberg diente der Verwaltung des landwirtschaftlichen Bezirkes. Landwirtschaft und Haltung von Kutsch- und Reitpferden gehörten zu den Gütern der Adelsfamilien dazu.

Die Burg Kommern, unterhalb der Kirche mitten im alten Ortskern von Kommern gelegen, befindet sich seit rund 200 Jahren in Familienbesitz der Erbengemeinschaft. Der Park, wie alte Kaufbelege über Bäume belegen, ist im Jahre 1850 angelegt worden. Eine Sommerlinde kam 1936 als Verlobungslinde der Eltern der heutigen Besitzer in den Park. Auch die Pflanzung der selten so schön gewachsenen Spanischen Tanne (Abies pinsapo) ist im Jahr 1870 dokumentiert. Eine 600 Jahre alte Eiche und ebenso alte Eiben sind im einige Hektar großen Park zu bewundern. Auf der Wiesenfläche stehen zwischen diversen Obstbäumen fünf große Walnussbäume. Das Obst wird über die Renette, ein Eifeler Obstwiesenverein, zur Erhaltung der Streuobstwiesen, zu Saft und Obstbrand verarbeitet. Der von einer Mauer aus Feldbrandsteinen und einem Zaun gänzlich eingefriedete Park beherbergt auch einen außergewöhnlichen Baum: Die eindrucksvolle Linde, die jeden Pflanzenkundler durch ihre ungewöhnliche Blattform, einem gelappten Blatt verblüfft, ist wohl einzigartig. Auch ein großes Gartenhaus aus Stein mit einem Brunnen davor gefällt dem Betrachter. Aus der romantischen Zeit blieb die Lava-

Der Garten der Erbengemeinschaft Hermann Seul in Mechernich-Kommern
Der große Park mit historischem Teehaus, alten Bäumen und einer Streuobstwiese

grotte mit ihren Nischen erhalten. Das Gestein wird berankt von Efeu und zwischen einzelnen Steinen breiten sich Maiglöckchen (Convallaria majalis) aus. Eiben, Stechpalme und die nicht rankende Altersform des Efeus bilden ein grünes Dach der Grotte. Ein aufrecht stehender Bär, der Osterbär genannt, beglückt seit ewigen Zeiten Generationen von Kindern mit Ostereiern und begrüßt den Parkbesucher am Wegesrand. Grotte und Bär sind aus Lavagesteinen der Kakushöhle in Eiserfey entstanden. Viel Arbeit machen Rasenpflege und Baumschnitt. Alle 1-2 Wochen wird gemäht und die Obstbaumpflege wird vom Streuobstwiesenverein ‚Renette' übernommen. Ein Landwirt aus der Region hilft die anfallenden Arbeiten zu bewältigen. Dazu gehört auch der regelmäßige Schnitt der Eiben.

roße Walnussbäume stehen auf der Obstwiese

Am Teehaus findet sich ein Beet mit duftenden Centifolien (Rosa centifolia'Muscosa') und rot blühenden Kastanien (Aesculus carnea).

Im Hof blüht im Frühjahr eine große, eindrucksvolle Tulpen-Magnolie (Magnolia x soulangeana).

Im Herbst färbt der Wilde Wein (Parthenocissus tricuspidata 'Veitchii') die Hausfassade in beeindruckendem weinrot.

Konstantinopler Apfelquitte (Cydonia oblonga)

Foto rechts: Die Kermesbeere (Phytolacca esculenta) trägt Früchte, deren Saft dunkelrot bis schwarz gefärbt ist. Dieser Farbstoff wurde früher zum Färben von Schafswolle verwendet. Man kann damit einen intensiven fuchsiaroten Ton erzielen.

Jungfernrebe (Parthenocissus tricuspidata 'Veitchii') zur Wandbegrünung

Blick in den Par

Tulpen-Magnolie (Magnolia x soulangeana)

Etwas Fachliches ...

Gartenspezifischer Überblick

Anlage einer Obst- oder Streuobstwiese

Obstwiesen gehören zu der bäuerlichen Kulturlandschaft. Die Versorgung mit frischem Obst war für die Menschen ein lebenswichtiger Teil der Versorgung mit Nahrungsmitteln. Um viele Dörfer waren Obstbäume angepflanzt, die gemeinschaftlich von den Dorfbewohnern geerntet und verarbeitet wurden. Diese Streuobstwiesengürtel dienten zudem als Weidefläche für Schafe, Rinder, Schweine, Ziegen und Pferde.

Die Imker halten auch heute noch ihre Bienen auf den Obstwiesen und sichern damit die Befruchtung der Bäume. Auch eine Vielfalt an Vögeln, Insekten, Nagetieren und kleinen Raubtieren findet in der Streuobstwiese ihren Lebensraum. Bei extensiver Nutzung der Wiesen siedeln sich auch eine große Anzahl verschiedener Pflanzen an. Die Streuobstwiesen haben nicht nur Landschaft prägende Bedeutung, sondern sind auch besonders wichtig für die Erhaltung der Artenvielfalt der heimischen Tier- und Pflanzenwelt.

Voraussetzung bei der Anlage einer Obstwiese ist als erstes die Größe der Fläche, bestimmend für die maximale Anzahl der Bäume, die gepflanzt werden können. Die Wuchsstärke und die Endgröße der einzelnen Sorten sind wichtig für den Pflanzabstand, aber auch der Abstand zu Straßen und Nachbargrundstücken muss eingehalten werden.

Für Obstwiesen sind stark bis mittelstark wachsende Bäume gut geeignet. Es sollten Halbstämme mit 120-140 cm Stammhöhe oder Hochstämme mit 160-220 cm hohem Kronenansatz gewählt werden. Ein Obstbaum besteht normalerweise aus Unterlage und Edelsorte. Die Unterlage bestimmt maßgeblich Wuchsstärke und teilweise Bodenansprüche und Frosthärte des Baumes.

Für die Wiese sind die Sämlingsunterlagen die richtige Wahl.

Sie sind stark wachsend, langlebig und widerstandsfähiger gegen Witterungseinflüsse und Schädlinge.

Wer sich für Prinzenapfel, Sternrenette und andere alte Streuobstsorten interessiert, kann Sortenlisten bei den regionalen Streuobstwiesenvereinen bekommen.

Der Garten des Ehepaares Dederichs in Schleiden
Ein Hausgarten mit vielen Insekten und Teichbewohnern, ein liebevolles Refugium für Mensch, Tier und Pflanze

Der Hausgarten

Ein heiß geliebter Garten

Der Anfang dieses Gartens war ein Kartoffelacker. Nach dem Hausbau war der schwere, lehmige und mit Steinen durchsetzte Erdboden kaum zu bestellen. Die Kartoffeln lockerten als erste Kultur den Untergrund. Mit Hilfe regelmäßiger Kompostgaben und Einarbeitung von Sand entstand über die Jahre ein guter Gartenboden. Eine endlose Menge an Steinen sammelte die Familie Dederichs auf den Beeten ab. An der Grundstücksgrenze verfestigten sie mit der Bepflanzung den Böschungshang. Trockenmauern wurden in „Puzzlearbeit" mit Mörtel verfestigt oder locker aufgeschichtet. Ein kleiner Teich, 180 cm tief, von Hand ausgehoben, bietet Fischen und Molchen neuen Lebensraum. Immer mehr Tiere siedeln sich an, seit neuem ist der Eisvogel beim Fangen der Moderlieschen zu beobachten, berichtet Frau Dederichs. Ihr mittlerweile verstorbener Ehemann liebte es, das Leben im Wassergarten zu fotografieren. Eigene Fotobücher, liebevoll gestaltet, dokumentieren die Flora und Fauna des kleinen Biotops.

Die Ernährung aus dem Garten ist immer sehr wichtig für die Familie gewesen. So ist die Vorratskammer immer noch mit Eingemachtem gefüllt.

Farbe war und ist ein wichtiges Kriterium, wenn es um die Auswahl der Blütenstauden geht. Die Palette der Bauerngartenstauden ist dafür genau richtig. Kräftige Farben bieten Flammenblume (Phlox), Sonnenhut (Rudbeckia), Kokardenblume (Helenium), Glocken-

Christrose (Helleborus-Hybride)

blume (Campanula), brennende Liebe (Lychnis chalcedonica) und Ehrenpreis (Veronica). Christrosen-Hybriden (Helleborus) mit kräftigen purpurnen Blüten zieren den Garten im zeitigen Frühjahr. Pfingstrosen (Paeonia officinalis und P. lactiflora) blühen von Mai bis in den Sommer mit großen Blüten. Besonders der Phlox hat es Frau Dederichs angetan; mit Leidenschaft sammelt sie die Sorten dieser schönen Staude.

Freude an der Natur und ihrem Wachstum sowie das Erleben der Jahreszeiten sind in diesem Hausgarten daheim. Garten und Pflanzen gehören hier zum Leben dazu.

Gartenspezifischer Überblick

Die Flammenblume hat sehr verschiedene Arten und Sorten; einige davon duften. Dieser Duft ist meist typisch herb, aber es gibt auch lieblicher riechende Sorten. Von weitem wird der herbe Geruch milder und verträgt sich gut mit duftenden Rosen. Der Duft zieht eine Unmenge von Insekten an. Besonders Schmetterlinge und Falter lieben den süßen Nektar und sorgen damit für die Befruchtung der Blüten.

Die langlebige Staude ist absolut winterhart und hat auch mit lang andauernden Frösten und Spätfrösten keine Probleme. Gerade für niederschlagsreiche, kühle Regionen mit lehmigen, nährstoffreichen Böden ist Phlox geeignet. Staunässe und zu schattige Standorte führen zu einem verstärkten Befall mit Mehltau und Blattflecken. Die Blühfreude variiert von Jahr zu Jahr und so gibt es immer gute und nicht so gute „Phloxjahre".

Bewährte Sorten heißen 'Freudenfeuer' mit leuchtend roten Blüten und die hellrosa blühende 'Landhochzeit' oder auch 'Wennschondennschon' in trendigem Lilarot.

Einkochen von Früchten

Allerlei Eingemachtes

Rezept

Sie benötigen:

Einkochgläser mit Gummiring und Klemmen oder Gläser mit Schraubdeckel

Einkochautomat oder Backofen

500-1000 g Früchte pro 1 Liter Glas

Zuckerlösung

Zubereitung:

Die Früchte müssen makellos sein, reif, aber nicht überreif. Vor dem Einkochen werden sie kurz und gründlich gewaschen und anschließend je nach Art entkernt, geschält und in Stücke geteilt. Je Liter Glas werden 500-1000 g Früchte benötigt. Für die Zuckerlösung werden auf 1 Liter Wasser bei süßen Früchten 125-300 g Zucker und bei sauren 500-600 g aufgelöst. 1 Liter Zuckerlösung reicht ungefähr für 3 mit Früchten gefüllte Gläser.

Vor dem Befüllen der Gläser werden diese einschließlich der Deckel und Gummiringe gründlich gespült und umgekehrt auf ein sauberes Küchenhandtuch gestellt.

Beim Einfüllen auf Sauberkeit achten, es gibt Einfüllringe und Trichter, die den Glasrand sauber halten. Gläser gut verschließen und in den Einkochautomat stellen. Die Gläser sollen sich nicht berühren.

Im Backofen auf ein tiefes mit Wasser gefülltes Blech stellen. Auf 180 °C erhitzen. Wenn es in den Gläsern perlt, den Backofen abstellen und 25-35 Minuten die Gläser darin stehen lassen. Anschließend die Gläser langsam ohne Zugluft abkühlen lassen.

Parfait

Ein mediterraner Garten

Der Kiesgarten der Ulle Förschler

„Manchmal schien es mir mit meinem Garten mehr Frust statt Freude zu machen. Bis mir dann klar wurde, dass unser Garten mit seiner Bepflanzung ein Standort- und Bodenproblem hatte“ erzählt die mittlerweile bekannte Gartenplanerin. In den ersten Jahren war ihre Zeit mit der Kindererziehung und erfolgreicher Pferdezucht ausgefüllt. Aber mit den Jahren wurde der Garten wichtiger, und die Frustrationen der gärtnerischen Betätigung führten die gelernte Bildhauerin dazu, sich mit diesem Misserfolg zu beschäftigen. Beth Cattos Kiesgärten, aber auch die Liebe zu mediterranen Gärten waren letztendlich dafür verantwortlich, dass das 1650 m^2 große Gartenareal von Grund auf umgestaltet wurde. Im Jahr 2000 wurde der tonige Lehmboden ausgekoffert. Große LKWs brachten Bauschutt, Kalksplitt, Sand und Mutterboden. Die Nachbarn schüttelten nur noch die Köpfe über die Bauaktivitäten, doch es hatte alles seine Richtigkeit. Für die Anlage eines Kiesgartens ist die Drainage unerlässlich, weiß Frau Förschler und erklärt genau die notwendigen Voraussetzungen für einen Kiesgarten. Mediterrane Pflanzen mögen keine nassen und kalten Füße. Der Bauschutt sorgt für Wasserabzug und speichert Wärme. Das recht windige und heiße Kleinklima des ummauerten Gartens ist für die Pflanzen des Mittelmeeres kein Problem. Eine riesige Österreichische Schwarzkiefer (Pinus nigra ssp. austriaca) und ein paar Obstbäume blieben von der Umgestaltung unberührt. Ergänzt wurden die Gehölze mit einem Blauglockenbaum (Paulownia tomentosa), Eukalyptus (Eukalyptus gunnii), Albizia (Albizia julibrissin), Erdbeerbaum (Arbutus unedo), Immergrüner Magnolie (Magnolia grandiflora) und Schnurbaum (Sophora japonica). Kamelien, Strauchpaeonien, Bambus, Feigen, Zistrosen und noch viele andere exotische

Der Garten des Ehepaares Förschler in Euskirchen-Kreuzweingarten
Ein Kiesgarten mit vielen mediterranen Pflanzen und Gehölzen, der von seiner experimentierfreudigen Besitzerin immer weiter entwickelt wird.

Pflanzen sind bei einem Rundgang zu bestaunen. Federmohn, Fackellilie, Steppenlilie, Wolfsmilchgewächse, Salbei und Mohn sind einige der verwendeten Stauden. Wuchshöhen und Blattstrukturen sind kunstvoll aufeinander abgestimmt. Durch die Kombination heller und dunkler Farben entstehen zusätzlich Kontraste. Die zumeist silbrig scheinenden Blätter der helleren Gewächse geben Helligkeit in die abwechslungsreichen Pflanzungen. Die Kiesflächen verbinden die Vielfalt und lassen den Garten als ganze Einheit erscheinen. Die neuste Veränderung sind die großen alten Olivenbäume direkt an der Terrasse, in Hochbeete gepflanzt. Viele Ecken und Nischen geben der Gärtnerin immer wieder die Möglichkeit, neue Pflanzen auf ihre Eignung für unsere Klimaregionen zu testen. Die Pflege ihres Kiesgartens braucht wenig Zeit; kein Pflanzenschutz, kein Gießen und nur wenig Unkrautjäten. Das gibt ihr den Freiraum, fremde Gärten zu planen. Kräutergärten, formale Gärten oder ein Stadtgarten, immer perfekt auf die Bedürfnisse des zukünftigen Gartenbesitzers zugeschnitten.

Etwas Fachliches ...

Gartenspezifischer Überblick

Mediterrane Pflanzen, die bei guter Bodenvorbereitung in höheren Lagen gedeihen.

Gehölze:
Eukalyptus (Eukalyptus gunnii), Albizia (Albizia julibrissin), Erdbeerbaum (Arbutus unedo), Immergrüne Magnolie (Magnolia grandiflora), Schnurbaum (Sophora japonica), Olive (Olea europaea), Indigo (Indigofera heterantha), Steineiche (Quercus ilex), Zypresse (Cupressus glabra 'Pyramidalis'), Cistrose (Cistus-Hybriden), Heiliger Bambus (Nandina domestica)

Stauden, die im Sommer gut Trockenheit vertragen, sind: Iris germanica, Lavendel, Schopflavendel (Lavandula oficinalis, L. stoechas), Habichtskraut (Hieracium x rubrum), Sonnenröschen (Helianthemum-Hybriden), Heiligenkraut (Santolina chamaecyparissus), Wollzyst (Stachys byzantina), Polsterschleierkraut (Gypsophila repens), Fetthenne (Sedum), Mittagsblume (Delosperma cooperi), Hornklee (Lotus corniculatus), Wolfsmilch (Euphorbia), Pfingstnelke, Kartäusernelke, Heidenelke (Dianthus-Arten), Karpatenglockenblume, Knäuelglockenblume (Campanula carpatica, C. glomerata), Steinkraut (Alysum), Grasnelke (Armeria), Johanniskraut (Hypericum perforatum), Mittagsblumen (Delosperma)
Nachtviole (Hesperis matronalis)

Für Einzelstellung sind unter anderem diese hoch wachsenden Stauden geeignet: Kornblume (Centaurea cyanus), Goldrute (Solidago-Hybriden) Federmohn (Magleya cordata), Brandkraut (Phlomis samia), Königskerze (Verbascum), Goldgarbe (Achillea filipendulina), Leinkraut (Linaria purpurea), Muscatellersalbei, Disteln (Eselsdistel), Staudenlein (Linum), Strandflieder (Limonum latifolium), Palmlilie (Yucca filamentosa), Beifuß (Artemisia), Türkenmohn (Papaver orientale), Feuerlilie, Madonnenlilie (Lilium x maculatum, L. candicum), Nachtkerze (Oenothera biennis), Brennender Busch (Dictamnus albus var. Purpureus), Akelei (Aquilegia vulgaris), Akanthus (Acanthus-Arten)

Der Garten von Ingeborg Schulz in Bad Münstereifel-Houverath
Ein bunter Garten mit vielen blühenden Pflanzen und einer Natursteinmauer.

Ein bunter Höhengarten

Ein steinreicher, abwechslungsreicher Garten in exponierter Lage

Zur Jahrtausendwende war die Entscheidung gefallen. Frau Schulz gibt Haus und Garten in Schleswig-Holstein auf und zieht 500 km entfernt in die Eifel. Das über 3000 m^2 große Grundstück von Tochter und Schwiegersohn hatte Platz für ein zweites Haus.

Viele Steine, Felsadern und wenig Erde waren die Ausgangssituation des Gartens. Guter Mutterboden und Kompost füllten die vorher ausgehobenen Pflanzlöcher. Die vorhandenen Traubeneichen blieben stehen und sind berankt mit verschiedenen Ramblerrosen und Efeu. Aus einem Teil der Bruchsteine entstand nach und nach eine Trockenmauer, die heute Waldeidechsen und Feuersalamandern, aber leider auch einer Menge Nacktschnecken Unterkunft bietet.

Das Eifelgold, der gelb blühende Besenginster (Cytisus scoparius), fühlt sich an der Mauer genauso wohl wie Bitterwurz und Dachwurz. Der genügsame Storchschnabel (Geranium) und Bodendeckerrosen halten die Beete bedeckt. Ein Weg aus Natursteinen (Grauwacke aus einem nahe gelegenen Steinbruch) führt um das Holzhaus herum. Vor dem Haus steht eine mehrstämmige Birke (Betula utilis var.jaquemontii) und große Rhododendren siedeln in Gemeinschaft mit anderen Moorbeetpflanzen in einem Extrabeet. Verschiedene

Gernaium x magnifica

Riesen-Zierlauch (*Allium giganteun*

Hochbeet

Duftrosen sind im ganzen Garten verteilt. Trotz der Höhenlage sind sie wüchsig und gesund. Kränkelnde Pflanzen werden verpflanzt oder auch in Töpfe gesetzt. Wenn sie auch dann nicht gesunden, kommen sie auf den Kompost. Töpfe und Kübel werden ansonsten mit Sommerblumen bepflanzt, oft Spontankäufe im ortsansässigen Blumengeschäft. Eine Ausnahme ist die Christrose (Helleborus-Hybride 'Silvermoon') an der Haustür, sie wächst und gedeiht schon seit mehreren Jahren in einem großen Keramikkübel.

Das Kleinklima des Gartens scheint so gut zu sein, dass sogar ein kleinblättriger Eukalyptus den Winter bisher problemlos überstanden hat. Ein Pfirsich (die Sorte Revita) blüht und trägt regelmäßig jedes Jahr.

Viele unterschiedliche, blühende Pflanzen gestalten einen farbenfrohen und abwechslungsreichen bunten Garten. Unterschiedliche Blattstrukturen und -farben lassen den Gartenbesucher ganz genau hinschauen.

Etwas Fachliches …

Gartenspezifischer Überblick

Naturstein im Garten

Diese Art Mauern verbindet Pflanzen und Mauerwerk auf gärtnerische Art. In den Fugen siedeln sich zudem auch verschiedene Tierarten an. Die tierischen Bewohner sind in unserer Mauer aus Grauwacke (ein Naturstein aus dem Höhengebiet von Bad Münstereifel) hauptsächlich Eidechsen, Feuersalamander und Kröten. Ginster (Cytisus scoparius), auch Eifelgold genannt, siedelt gerne in den offenen Fugen. Dazu gesellen sich Stinkender Storchenschnabel (Geranium robertianum) und angeflogene Wildkräuter. Verschiedene Steingartenpflanzen siedeln auch gerne in Mauerritzen und können in die Mauer gepflanzt werden. Der natürliche Wärmespeicher Stein ist nicht nur für Tier und Pflanze angenehm, sondern auch für geschützte Sitzplätze in den kälteren Jahreszeiten gut geeignet. Bei Sonnenschein speichert der Stein die Wärme und strahlt sie abends wieder ab. Im Hochsommer sollte dann allerdings eine gute Schattierung vorhanden sein. Auch erhöhte Pflanzbeete aus Stein profitieren von der Wärmespeicherung. Die Kräuterspirale ist sicher das bekannteste Beispiel. Viele mediterrane Pflanzen lieben Wärme und durchlässigen Boden, sie fühlen sich in Beeten mit Steinmauern sehr wohl. Seit einigen Jahren wachsen hier sehr erfolgreich Maulbeeren (Morus nigra) und Pfirsiche (Prunus persica).

Verschiedene Natursteine

- Basalt und Granit sind die Steine mit der höchsten Dichte und Festigkeit. Sie sind für den Laien schwer zu bearbeiten.
- Gneis, Schiefer und Sandstein sind gut zu bearbeiten und sind je nach Herkunft fest bis sehr fest.
- Kalkstein lässt sich dagegen nicht so gut bearbeiten.

Auskunft über die Eigenschaften der Steine, die einem gefallen, gibt der Steinbruch oder Steinmetz.

Wer selber Steine sucht oder „steinreich" auf seinem Grundstück ist, kann die Festigkeit leicht selber überprüfen. Mit einem nicht zu kleinen Hammer wird kräftig auf einen Stein geschlagen; zerbricht und zerbröselt der Stein, ist er nicht für höhere und haltbare Mauern geeignet. Solche Steine eignen sich aber für Beeteinfassungen und andere kleinere Mauern, die auch verwittern und zerfallen dürfen. Sehr reizvoll für naturnahe Gärten und Kiesgärten.

Ein Stadthausgarten auf dem Land

Pflanzen und Skulpturen wie in einer Galerie

Vom eigenen großen Garten in den 200 m² Stadthausgarten. Diesen Wechsel hat das Ehepaar Willmes nicht bereut. Sie genießen den Panoramablick über die Ebene bis zu dem Dorf Billig. Der Garten ist als ein gut strukturierter Außenraum angelegt worden. Hier kann man wirklich von einem grünen Zimmer sprechen. Unter der Anleitung der Freundin Ulle Förschler entstand ein vielfältiger Gartentraum. Höchste Priorität bei der Gartenplanung war: geringer Zeitaufwand für die Gartenpflege und ein genügend großer Platz, damit sich die ganze Familie am großen Tisch versammeln kann. Der Vermieter gestattete völlige Freiheit in der Gartengestaltung. Die Gartenmauer schützt empfindliche Pflanzen und dient als Hintergrund für Skulpturen und andere Kunstgegenstände, die der engagierten Galeristin am Herzen liegen. Sofort fallen dem Besucher die zwei dreieckigen Rosenbeete auf, angeordnet zu einem Rechteck. Der Weg zwischen den Rosenbeeten und ein Teil der Terrasse sind mit schwarzgrauem, sehr glattem Naturstein belegt. Eine kleine Buchsbaumhecke trennt die Rosen vom Wasserbecken, das sehr ruhig in der Mitte des Gartens liegt. Eine Einfassung aus Hartholz findet Fortsetzung in den im Winkel angelegten Holzdecks. Das rechteckige Wasserbecken ist nicht bepflanzt, zur Belebung kann ein Sprudelstein angestellt werden. Ein roter japanischer Schlitzahorn im extra ausgeschnittenen Viereck streckt seine Äste über das Becken und lockert die strengen Formen auf. An der weißen Mauer wird es wilder und natürlicher. Verschiedene blühende Gehölze sind hier zu bewundern. Die

Der Garten des Ehepaares Willmes in Euskirchen
200 m² großer geschützter Stadtgarten mit blühenden und duftenden Pflanzen. Skulpturen und Pflanzen werden an der Mauer präsentiert.

Schachbrettblume (Fritillaria meleagris)

Pflanzung ist so geschickt, dass die Schönheit des einzelnen Gehölzes zur Geltung kommen kann. Wie in einer Galerie sind sie an der Wand zu bewundern. Die immergrünen Glanzmispeln (Photinia x fraserii 'Red Robin') mit ihrem im Austrieb roten Blättern verdecken die Mauerecke an den Holzdecks und geben den Hintergrund für eine große Skulptur. Die immergrüne Glanzmispel ist auch im Winter schön anzusehen. Zu dieser Zeit kommen die klaren Formen des Gartens besonders gut zur Geltung. Im Frühjahr erscheinen kleine Schachbrettblumen vor einer kleinen runden Sandsteinform. Der Duft der in der Nachbarschaft an der Mauer wachsenden immergrünen Clematis (C.armandii) steigt bei der Betrachtung in die Nase. Später im Jahr zieht der Duft der apricotfarbenen Sangershausener Jubiläumsrosen durch den Garten. Ein Scheineller (Clethra alnifolia) mischt dann zartes Vanillearoma dazu. Die Kräuter wachsen unter einer organisch anmutenden Skulptur. Kniend wacht sie über das Wachsen von Salbei und Co. Salbei gedeiht auch in den Pflanzringen zum Souterrainfenster, er mischt sich mit Prachtkerzen, niedrigen Glockenblumen, Heiligenkraut, Heidenelken, Thymian, Scharfgabe und Polsterstauden

Etwas Fachliches …

Gartenspezifischer Überblick

Blätter und Blüten der einzelnen Pflanzen werden in diesem Garten besonders genial präsentiert. Die weiße Gartenmauer liefert den neutralen Hintergrund zur Betrachtung. Die angenehm nach Vanille duftende Clematis (Clematis armandii) klettert am Wandspalier. Karamelbeere (Leycasteria formosa), Säckelblume (Ceanothus delianus ‚Henry Defosse'), rotlaubige Blasenspiere (Physocarpos opulifolius 'Diabolo'), Tasmanische Winterrinde (Drimys lanceolata), Amerikanische Rosmarinweide (Itea virginica 'Henry's'Garnet'), Duftblüte (Osmanthus x burkwoodii), Immergrüne Magnolie (Magnolia grandiflora) und Samthortensie (Hydrangea aspera 'Macrophylla') zeigen ihre Schönheit im schmalen Beet entlang der Mauer. Auch die nicht so frostfesten Gehölze haben ausreichend Schutz vor tiefen Temperaturen.

Prachtkerzen (Gaura lindheimerii 'Frikart') entwickeln sich zu stattlichen Pflanzen, wenn sie warm und geschützt stehen.

Der Garten von Anna Scheiff in Kirchheim
5000 m² mit bunten Blumen und Formgehölzen großzügig angelegtes Grundstück.

Der englische Landhausgarten

Ein ländlicher Garten mit außergewöhnlichen Formgehölzen

Die Wurzeln dieser Liebe zum Gärtnern wurden in der Kindheit vom Großvater gepflanzt.

„Hol' det Antje, die andre ist mir zu schnippisch", klingt Frau Scheiff noch heute im Ohr. Gerne hat sie im Garten dabei geholfen, die Möhren vom Unkraut freizuhalten. Selbstversorgung aus dem eigenen Garten war nach dem 2. Weltkrieg selbstverständlich. Ihren eigenen Garten zu gestalten, damit begann sie 1962. Anfangs gab es trotz guten Bodens eine Unmenge an Steinen.

Blumen für das Grab des Schwiegervaters wurden gezogen, die Oma gab das Geld für Sämereien und Pflanzen.

Das schöne Bruchsteinhaus mit der elegant geschwungenen Auffahrt wurde noch vom Schwiegervater angelegt. 1972 wurden die Eiben vor dem Haus zu Formgehölzen geschnitten. Die junge Bäuerin hatte mit dem Tod ihrer Schwiegermutter eine Vertraute verloren und verbrachte viel Zeit im Garten. Formgehölze hatte sie auf einer Genesungsreise durch den Süden gesehen. Sie begann selbst, mit der Heckenschere zu schneiden und zu formen. Die elektrische Heckenschere zu Weihnachten brachte eine Erleichterung der körperlichen Anstrengung; alles andere war Entspannung von der vielen Arbeit, die auf einem ländlichen Hof anfällt. Trotz der Passion für Formgehölze kommt der Nutzgarten nicht zu kurz. Alles was der zwei Morgen (5000 m^2) große Garten produziert, wird auch verarbeitet.

Bunte Blumen zwischen dem Gemüse

Nicht nur Möhren, Bohnen, Zwiebeln und anderes Gemüse werden ausgesät oder angepflanzt, sondern auch Kartoffeln und Obst gehören zum Sortiment. Fruchtfolge und Düngung mit Kuhmist und Hornspänen zur Stickstoffversorgung halten die Gemüsepflanzen gesund. Selten werden chemische Pflanzenschutzmittel eingesetzt. Erfolgreiche, gesunde Sorten werden weiter vermehrt, aber auch neues ausprobiert. Informationen aus landwirtschaftlichen Journalen werden gerne in der Praxis überprüft.

Die grünen Formen werden ergänzt mit den leuchtenden Farben des Türkenmohns und den typischen bunten Bauernblumen Bartnelke, Glockenblume, Akelei, Lupine und Dahlie. Ein rosa blühender Blauregen (Wisteria floribunda 'Rosea') ist in eine Trauerbirke (Betula pendula 'Youngii')

ie Hängebirke bildet eine Laube

gewachsen; eine verblüffende Kombination. Immer neue Formen werden gefunden: die Ligusterhecke (Ligustrum vulgare 'Atrovirens') bekommt einen Blumenkorb aufgesetzt, Herzen aus Eibe und Liguster finden sich an verschiedenen Stellen, eine grüne Frau wächst in einer Ecke langsam ihrer Vollkommenheit entgegen.

Sichtbar von der Straße säumen Pfau und Hund aus Buchsbaum die Gemüsebeete. Wem dies nicht auffällt, der kann an den großen Eibenkegeln am Haus einfach nicht vorbeischauen. Oft werden die Fotoapparate gezückt, und falls die Gärtnerin zugegen, auch Entzücken und Freude über diesen Garten zum Ausdruck gebracht.

Etwas Fachliches ...

Gartenspezifischer Überblick

Mit etwas Mut, Geduld und scharfer Schere kann aus einem frei wachsenden Gehölz ein Formgehölz entstehen. Im Frühjahr vor dem Austrieb werden alle die spätere Form störenden Triebe weggeschnitten. Eine Schnittschablone hilft bei der Formgebung. Kugeln, Kegel, Säulen und Quader sind einfache geometrische Formen. Beim Schnitt hilft, sich langsam an die Form heranzuschneiden.

Es muss mindestens zweimal im Jahr geschnitten werden, bis die endgültige Form erreicht ist. Generell sind junge Pflanzen besser formbar als ältere Pflanzen.

Besonders gut geeignet sind die Immergrünen: Buchsbaum (Buxus), Eibe (Taxus), Liguster (Ligustrum) und Ilex (Ilex crenata). Die Laub abwerfenden Heckengehölze sind auch für Formgehölze geeignet. Rotbuche (Fagus sylvatica), Hainbuche (Carpinus betulus) und Weißdorn (Crataegus monogyna) wachsen sehr stark und sind für größere Formen gut geeignet.

Die Formgehölze nehmen trotz des jährlichen Schnitts weiterhin an Größe und Umfang zu.

Bei der Planung muss deshalb genügend Raum für Wachstum und Pflege eingeplant werden.

Der Garten von Kajo Nelles

2000 m² Gartenkreativität, angelegt von einem Mann, dessen Gartenbild einer Choreografie gleicht. Ausdrucksstark und meditativ zeigt sich dieser Garten.

Ein Garten der Gegensätze

Kreativität und Sachlichkeit

Kajo Nelles, Geschäftsführer der Internationalen Tanzmesse NRW, über seinen Garten:
„Kunst und Künstlichkeit, Natur und Natürlichkeit zeigen Haus und Garten in Verbindung miteinander. Aus Beton und Bruchstein zieht sich eine Mauer um das Haus. Das Element Holz verbindet Stein und Pflanzen miteinander. Die sachlichen, geometrischen Formen des Hauses spiegeln das männliche Element. Die Natur, die Pflanzen mit ihrer Wuchskraft stehen für die Kreativität des Weiblichen. Das bedeutet auch Geduld haben, warten, was sich im Garten wie entwickelt".

Im Sommer sind die strengen Formen des Hauses mit Kletterpflanzen verdeckt. Die Streben der Mauer bekommen durch den Bewuchs von Jahr zu Jahr eine grüne Form.

Einzeln oder in kleiner Gruppe stehen die vor dem Hausbau gepflanzten einheimischen Laubbäume. Vereinzelte Sitzbänke auf der großen, leicht ansteigenden Rasenfläche laden zum Ruhen ein. Erfahrungen und Eindrücke durch Reisen nach Japan und Tibet beeinflussten Kajo Nelles Gartenplanung nicht unerheblich. Ruhe strahlen die grünen Gartenecken am Haus aus. Geheimnisvoll wirkt das Grundstück von außen. Die Mauer weckt die Neugier, das Innere zu entdecken. Wer diesen Garten auf sich wirken lässt, findet vielleicht ein Stück Freiheit oder aber auch die Sehnsucht des Lebens.

Lebendigkeit und Veränderung sind besonders im Bauerngartenbeet am Naturteich zu erleben. Robuste Stauden, Pfingstrosen und ein paar Rosen sorgen für blühende Abwechslung. Besonders schön wirkt die Beet-

rose ‘Rhapsody in Blue’ mit ihren kräftig lila Blüten in Kombination mit Pfingstrosen (Paeonia) und Türkischem Mohn (Papaver orientale).

Es geht nicht nur um die Fähigkeit mit der natürlichen Entwicklung die Balance zu finden, sondern auch aus der Beobachtung der Natur eigene Fehler zu entdecken. Nur eine dünne Schicht Mutterboden bedeckte die frühere Wiese. Für ein gutes Anwachsen wurden die Pflanzlöcher mit dem Bagger ausgehoben. Doch die Bäume entwickelten sich nicht richtig, zu tief steckten die Wurzeln in der Erde. Nachdem der Boden um die Baumscheiben abgetragen war, ging es mit dem Wachstum der Gehölze richtig los. Regelmäßig wird ab Frühjahr einmal in der Woche gemäht. Laub und Rasenschnitt werden auf natürliche Weise als Mulch unter Sträuchern und Rhododendron verteilt. Ein kleines Gemüsebeet wird pflegeleicht mit Mangold, Zucchini und Rukola bepflanzt.

Zwei chinesische Weisheiten:
„Das Leben beginnt mit dem Tag, an dem man einen Garten anlegt.“
„Willst du ein Leben lang glücklich sein, lege dir einen Garten an.“

Etwas Fachliches ...

Gartenspezifischer Überblick

Ziel der fernöstlichen Gartengestaltung ist es, Harmonie von Erde, Himmel, Steinen, Wasser, Gebäuden, Wegen und Pflanzen (den so genannten sieben Dingen) zu erreichen. Der Mensch, als Achter, kann dann mit ihnen und in ihnen zur vollkommenen Harmonie finden. Dieser Garten hat in seinem Aufbau eine strikte Planung. Jedes Detail hat seine Bedeutung. Auch der Standort ist genau ausgewählt. Dieser Garten gilt als Kunstform und als perfekte künstliche Nachbildung der Natur und ihrer Elemente.

Die Hauptmaterialien sind Stein, Naturstein, Kies, Holz und Bambus als Baustoff.

Jeder Werkstoff hat eine besondere Symbolik:

- Unebene Trittsteine sind gleichzusetzen mit den Widrigkeiten des Lebensweges.
- Steine stehen für die Ewigkeit; sie können je nach Platzierung unterschiedliche Bedeutung haben.
- Stolperschwellen lassen innehalten und senken den Blick demütig nach unten.
- Wasser ist die Quelle des Lebens und das Symbol der Reinheit.
- Kies- und Sandflächen werden geharkt und vermitteln Ruhe und Ordnung.
- Steinlaternen setzen Akzente, bringen Licht und lenken den Blick auf besondere Dinge.
- Brücken sind die Verbindung der Welten, ein Symbol des Übergangs. Die halbkreisförmigen Brücken spiegeln sich im Wasser zum vollen Kreis, dem chinesischen Himmelssymbol.
- Der Wasserfall und Wasserfluss symbolisieren den Fluss des Lebens in allen seinen Formen.
- Bambus und Holz verbinden das Organische mit dem Anorganischen, das Lebendige mit dem Toten, aber auch Wasser mit Erde, Erde mit Stein. Die Verbindung mit der Luft wird durch das lebende Holz, den Baum gekennzeichnet. Nur das Feuer verbrennt das Holz.

Pflanzen werden sparsam eingesetzt. Ihre Farben und Formen werden gezielt arrangiert. Grüne Töne sind für ein ruhiges Gesamtbild wichtig, deshalb sind Moose und Farne gut zu verwenden. Azaleen und Rhododendron haben ein breites Farbspektrum in der Blüte. Mit geschickter Wahl der Sorten sind vier Monate blühende Büsche im Garten. Zierkirschen sind als Sträucher und Bäume fast nicht zu ersetzen. Die Hauptblüte ist im Frühjahr. Nadelgehölze und Immergrüne sind im Winter die Gehölze, die dem Garten Farbe geben. Bambus und Gräser bewegen sich im Wind und schaffen damit die Verbindung von der Erde zur Luft.

Das Biotop

Hier pflegen die Pflanzen die Beziehung untereinander

Seit 1995 wohnt das Ehepaar, beide sind Biologen, in einem Höhenort der Gemeinde Bad Münstereifel. Man hatte den Garten weitgehend sich selbst überlassen; wechselnde Mieter zeigten kein Interesse an der Gartenpflege. Das Grundstück grenzt an einen alten Wassergraben, der mittlerweile versumpft ist. Große Nadelbäume und Laubbäume stehen im Hintergrund, davor eine knorrige alte Hängebirke. Vielleicht hat der Besucher deshalb den Eindruck von Urwüchsigkeit und Wildheit des Grundstückes. 58 Vogelarten sind hier schon von kundigen Augen beobachtet worden. Ein dazu erworbenes Nachbargrundstück ist zu einer kleinen Streuobstwiese umgewandelt worden. Die Bienen der beiden Hobbyimker liefern leckeren Honig und helfen im Frühjahr bei der Bestäubung der Obstbäume.

Die Gartenpflege soll sich in Grenzen halten, auch Wildpflanzen dürfen wachsen. Fingerhut und Akelei wandern zwischen Rhododendron, Funkien und Pfingstrosen. Eine Sternmagnolie (Magnolia stellata) zeigt ihre Blüte noch vor den Rhodendron. Rosen werden von beiden geliebt. Eine schöne, aber unbekannte Kletterrose rankt an der Terrasse. Am Sitzplatz werden Rosen in Töpfen und Kübeln ins rechte Licht gerückt. Sommerflieder (Buddleja davidii) locken die Schmetterlinge an, deren Art gerne bestimmt wird. Das Gelände fällt hinter dem Haus ab, Treppen und Wege sind mit Grauwacke gelegt. Eine Bruchsteinmauer ziert den später angebauten Wintergarten. Das Verhältnis zu Pflanzen und Natur ist oberstes Gebot: „Zu den Pflanzen in unserem Garten haben wir eine persönliche

Natur pur im Bad Münstereifeler Höhengebiet
Ein Garten nach der Natur, auf 2600 m² werden Fingerhut und Distel genauso geachtet wie Rose und Pfingstrose

Fingerhut (Digitalis purpurea) beim ‚Wandern' durch den Garten

Beziehung. Wir leben in unserem Garten und fühlen uns so wohl, dass wir gar kein Bedürfnis haben, in Urlaub zu fahren", erzählt das Ehepaar. Dabei ist es für beide, trotz ihrer beruflichen Qualifikation nicht so wichtig, die genauen botanischen Bezeichnungen und Sorten ihrer Pflanzenwelt zu kennen. Ihren drei Hunden gefällt es ebenso, sie haben freien Auslauf im Garten. Fledermäuse finden Unterschlupf in speziellen Kästen, auch die Vögel haben Kästen und Nisthilfen. Besonders originell sind die Nistköpfe aus Ton. Handgetöpfert von einem Freund, der auch Garten- und Naturliebhaber ist.

Etwas Fachliches …

Gartenspezifischer Überblick

Gärten, die mit Wildpflanzen und Wildgehölzen angelegt werden, können sich zu Lebensräumen für regional typische Pflanzen und Tiere entwickeln. Diese sich entwickelnden Biotope sind Lebensräume mit bestimmter eigener Prägung. Alle auf ein Lebewesen oder eine Lebensgemeinschaft einwirkenden Standortfaktoren (Klima, Boden, Nutzung) ergeben eine darauf eingestellte Fauna und Flora. Eine Anlage nur mit heimischen (autochthonen) Gehölzen ist recht artenarm, deshalb sind oft Wildgehölze und Wildpflanzen aus anderen vergleichbaren Ländern und Regionen eine Bereicherung. Ein Wildgarten ist kein wilder, ungepflegter Garten. Die richtige Pflanzenwahl und die Planung der Gartenanlage ist genauso durchzuführen, wie bei jedem anderen Garten auch. Die Beziehungen der Pflanzen untereinander werden allerdings mehr be- und geachtet. Auch werden die Insekten, Amphibien, Vögel und andere Tiere mit in ihren zukünftigen Lebensraum einbezogen. Auch ein natürlicher Lebensraum benötigt Pflege, aber auch die Toleranz, dass Wildpflanzen ihre eigenen Vorstellungen (durch Samen oder Wurzelausläufer) von ihrer Verbreitung haben. Die wilden Schönheiten wachsen gerne auch mal an anderer Stelle im Garten und es entstehen so ungeahnte Pflanzenkombinationen.

Der Garten des Ehepaares Schloesser in Schleiden-Scheuren
3000 m² großer Wassergarten mit bewachsener Düne und Lamas auf einer exponierten Felskuppe

Der Wassergarten

Auf der Felskuppe treffen sich Himmel und Erde

Direkt vom Holzdeck vor der Sauna ins Wasser zu springen, das ist der erste Gedanke, wenn man als Besucher aus dem Wohnbereich in den Garten blickt. Der 2 m tiefe Schwimmteich wird im Sommer regelmäßig genutzt, mit 12 m Länge und 4 m Breite können Schwimmer ihre Bahnen ziehen. Die Schwimmsaison verlängert der Hausherr, indem er bei Temperaturen unter 18 °C im Neoprenanzug in die frischen Fluten steigt.

Die Stärke der Naturgewalten erlebt das Ehepaar Schloesser in seinem Garten besonders intensiv. Knapp 500 m hoch, exponiert auf einer Felskuppe mit dem weiten Blick über das Tal, liegt ihr Garten. Sonne, Wind und Regen treffen sich hier direkt. Gewitter werden unmittelbar wie im Himmel erlebt.

Bei ihren Auslandsreisen lieben sie auch die extremen Naturerlebnisse. Beeindruckt von den Erlebnissen einer Wüstenreise beschäftigen sie sich seitdem mit Kamelen. Klimatisch sind Wüstenkamele nicht für die Eifel geeignet. Nach ausführlicher Recherche über die Haltung der Tiere, zogen dann vor vier Jahren zwei Lamas zu ihnen auf die angrenzende Wiese.

Eine Düne, den Dünen an der Nordseeküste nachempfunden, trennen Lamawiese und Garten. Der halbrunde Wall aus Sand und Erde ist nach außen in Richtung Wiese mit Kartoffelrosen (Rosa rugosa), zum Garten hin mit Strandroggen bepflanzt. So entstand ein wunderbar geschützter Sitzplatz mit Blick in die Landschaft und auf die beiden Kleinkamele. Ein künstlicher Bach-

Blick auf Düne, Lamas ur Landschaf

lauf schlängelt sich am Grundstücksrand zu einem kleinen Teich Richtung Düne. Im März sammeln sich dort Kröten und Frösche zum Laichen. Meist ist sogar auch der Bachlauf voller Laich.

Natursteinmauern ziehen sich durch das Gelände und trennen Teiche und Wege auf unterschiedlichem Niveau. Im Sommer blühen niedrige sattgelbe Hecken aus Fünffingersträuchern (Potentilla fruticosa 'Kobold'). Außer Gelb sind Rot und Blau die Hauptfarben in diesem Garten. Blauer Lavendel oder die reichlich vorhandene Katzenminze kombinieren sich hervorragend mit rot blühenden Bodendeckerrosen.

Terrasse mit Fischteich und Blick in die weite Eifellandschaft Richtung Bärbelkreuz

Die pflanzliche Ergänzung zu Bruchsteinen, Kieswegen und dem mediterranen Baustil des Hauses besteht auf der Terrasse aus mediterranen Kübelpflanzen und einer Hahnenkamm-Sicheltanne (Cryptomeria japonica 'Cristata'). Bei der Auswahl der Gehölze und Stauden ließen sie sich gerne von Fachleuten beraten. Die Deutsche Bambusgesellschaft gab die besten Tipps, um für den jeweiligen Standort den geeigneten Bambus zu finden. Natürliche Pflanzengesellschaften finden sich an Teich und Düne. An den Seiten zu den Nachbargärten wachsen Rhododendron, Kirschlorbeer und Ilex. An dem geschützten Standort fühlen sie sich wohl.

Blaue Nadeln hat die Edeltanne (Abies procera 'Glauca')

Von der Terrasse in den Schwimmteich

Etwas Fachliches ...

Gartenspezifischer Überblick

Neuanlage eines Teiches

Der erste Schritt zu einem Teich ist die Planung. Einige Aspekte sollten vorher bedacht und geklärt werden. Wer soll in dem Teich leben? Wozu soll er dienen (Schwimmteich, Seerosenteich, Feuchtbiotop für seltene Pflanzen)? Wie groß und tief soll der Teich werden? Wie sicher ist der Standort für Kinder? Gibt es eine Genehmigungspflicht? Eine Gartenbesichtigung ist wichtig zur richtigen Standortwahl.

Der Standort soll möglichst sonnig und relativ eben sein. Unebenes Gelände wird mit dem Aushub ausgeglichen. Zusätzlich kann mit überschüssigem Erdreich modelliert werden. Ein Bachlauf mit Gefälle entsteht auf einem abschüssigen Grundstück fast von allein. Der Teich benötigt einen Überlauf, damit überschüssiges Wasser nach starken Regenfällen nicht über die Ufer tritt und unterspült. Ideal ist eine große Sumpfzone mit anschließender Wechselfeuchtzone, in der das Wasser versickern kann. Viel Bewuchs und hohe Bäume haben leider im Herbst einen großen Laubfall. Es gibt die arbeitsintensive Möglichkeit, Netze zu spannen, besser ist es jedoch einen Platz mit möglichst wenig Laubeintrag zu wählen. Dabei sind auch die Hauptwindrichtungen und die Bepflanzung der Nachbargrundstücke zu beachten. Sonne ist für die Pflanzen im Teich wichtig. Standorte mit weniger als 4 Stunden Sonneneinstrahlung sind nicht geeignet. Flache Teiche unter 60 cm Tiefe erhitzen sich sehr schnell bei intensiver ganztägiger Sonne und sind dann so warm, dass Pflanzen und Tiere absterben können. Tiefe Teiche sind in der Wassertemperatur ausgeglichener. Die Erwärmung des Wassers, aber auch Abkühlung dauern wesentlich länger. Von allen Seiten zugängliche Teiche sind besser zu pflegen und zu beobachten. Kleine Sitzplätze, ein Steg oder eine Brücke geben Gelegenheit, den Teich von allen Seiten zu genießen.

Große Teiche sind pflegeleichter als kleine und können sogar ohne Filteranlage auskommen. Bei Schwimmteichen wird die Badezone von der Klärzone getrennt. Der Schwimmbereich sollte auch pflanzenfrei gehalten werden.

Der neu angelegte Teich braucht meist ein bis zwei Jahre, um sich als funktionierendes Ökosystem zu entwickeln. Frisch eingesetzte Pflanzen benötigen mindestens eine Wachstumsperiode, um sich am neuen Standort zu etablieren, genauso wie die Wasserlebewesen nach und nach den Teich erobern. Käfer, Wasserläufer und Libellen fliegen einfach zu, während Wasserschnecken und Wasserflöhe meist mit den Pflanzen in den neuen Teich gelangen. Wer ein Biotop für Frosch und Co einrichten möchte, sollte eine ruhige Gartenecke wählen. Viele Amphibien fühlen sich ungestört am wohlsten. Verschiedene Sitzplätze geben dem Betrachter die Möglichkeit, die Natur leise zu beobachten.

Garten(t)räume

Ein Garten im Wandel

Auch in dem Dorf Dreiborn gibt es die tradionellen, endlos langen Buchenhecken.

Die zum Anwesen gehörende Streuobstwiese ist komplett von Hecken umwachsen. Diese brechen die kalten und heftigen Winde der Hochebene. Die Obstwiese ist der Gartenbereich des Hausherrn. Die Pflege der robusten Obstsorten, mit deren Auswahl er sich vor der Pflanzung intensiv beschäftigt hat, ist eine willkommene Abwechslung zum stressigen Büroalltag. Die 25 Jahre alten Bäume sind mittlerweile im vollen Ertragsalter und so werden in der Erntezeit dann unter Einsatz aller hilfreichen Hände die Früchte gepflückt und verarbeitet. Eine Birnenquitte (Cydonia oblonga 'Portugiesische Birnenquitte') steht auf dem Weg in den Nutzgarten. Der alte Garten ist ein typischer Bauerngarten, heute liegt er zwischen Streuobstwiese und dem neuen Garten am Haus. Seit 1974 wuchsen hier Gemüse und Blumen, umsäumt von niedrigen Buchsbaumhecken. Robuste Stauden und ein paar unkomplizierte Gemüse werden heute immer noch dort kultiviert. Rittersporn, Flammenblumen, Tränendes Herz wachsen mit blauen Bauernhortensien zusammen. Strandflieder in unterschiedlichen Farben steht zusammen mit Mauerpfeffer an der niedrigen Bruchsteinmauer.

Die besondere Aufmerksamkeit und der Gärtnerstolz sind allerdings auf den vor 5 Jahren selbst geplanten und neu angelegten Garten gerichtet. Die ehemalige Pferdewiese neben dem Haus wurde so zu einem modernen Ziergarten umgewandelt. Ein sehr heller Naturstein (Granit) ist der Werkstoff für Mauern und Wege. Die unterschiedlichen Höhen sind mit Granitmauern abgefangen. Der Sitzplatz ist mit einer Mauer gegen Wind geschützt. Rechteckige, bepflanzte Felder und

Garten des Ehepaars Wolter in Dreiborn
Der Garten hat sich im Laufe der Jahre zu mehreren Gartenräumen entwickelt. Der heutige moderne Hauptgarten ist 2003 von beiden geplant und angelegt worden.

geschwungene Wege spiegeln die Vorlieben des Ehepaares Wolter wieder. Der fast weiße Stein bringt sehr viel Licht in den Garten und betont die Farben des Lavendelfeldes vor dem Sitzplatz. Ein exakt gleichgroßes Feld ist mit verschiedenen Kräutern bepflanzt. Der Übergang zwischen Stein und Kräutern wird durch Kletterrosen und Hortensien harmonisch gestaltet. Der Kontrast von Stein und Pflanzen fällt dagegen besonders in der Kombination mit Buchsbaum auf.

Verteilt im Garten sind Sitzplätze, von denen der Blick über die Hecken in die Landschaft streifen kann. Faszinierende Wetterschauspiele sind immer wieder auf der Hochebene zu erleben.

Trotz unterschiedlicher Gartenvorlieben möchte keiner der beiden das Leben auf dem Land missen. Farben, Duft, Harmonie und Gartenkultur sind die weiblichen Bedürfnisse, die dieser Garten voll erfüllt. Der männliche Partner wünscht sich Obstbrand und Wein aus eigener Herstellung.

Etwas Fachliches ...

Gartenspezifischer Überblick

Der Bauerngarten

Diese Gartenform ist im ländlichen Bereich zu finden. Sie ist funktional und schön zu gleich. Meist gibt es eine klare Trennung von Nutzgarten, Ziergarten und Spielbereich der Kinder. Am Haus ist zudem eine Obstwiese angegliedert. Dort sind Obstsorten zum Essen und für die Verwendung in der Küche zu finden. Auch Tierhaltung ist in diese Gartenform integriert. Man braucht breitere Wege und feste Gatter, um Bereiche zu trennen. Es werden Holz- und Flechtzäune zur Umfriedung eingesetzt, aber auch Hekken trennen die einzelnen Gartenbereiche voneinander. Der Brunnen oder Bachlauf dient der Wasserversorgung. Schuppen und Stall gehören mit in das Erscheinungsbild des Gartens. Frühbeetkasten, ein kleines Gewächshaus und der Misthaufen runden den Gesamteindruck des bäuerlichen Versorgungsgartens ab. Buchsbaumhecken und Hecken aus Buche, Weißdorn und Hainbuche werden verwendet.

Haselnuss, Holunder und Beerensträucher dienen der Versorgung. Der Baum vor dem Haus ist oft ein Obstbaum, aber auch Walnuss und Kastanie, Eiche, Linde sind typisch.

Der Blumengarten dient dazu, Blumen für Sträuße und Dekoration zu schneiden. Je nach Region werden Blumen auch für religiöse Zwecke gebraucht.

Pflanzen

Robuste Rosen aller Art, Astern, Phlox, Dahlien, Sonnenhut, Kräuter, Kapuzinerkresse, Ewiger Kohl, Guter Heinrich, Süßdolde, Alte Obstsorten

Der Bauerngarten ist regional unterschiedlich. Was in der eigenen Region typisch ist, kann man sehr gut in den Freilichtmuseen erfahren. Auch an offenen Tagen der Bodendenkmalpflege erfährt man sehr viel über die Art der bäuerlichen Gartenkultur.

Der Garten der Familie Simoneit-Kahl in Bad Münstereifel-Wald
Der 3300 m² große Waldgarten im Bad Münstereifler Höhengebiet ist für die Familie fast über das ganze Jahr ein zusätzlicher Wohnraum.

Der Waldgarten

Ein Naturgarten zum Wohnen

Dieser großzügige Waldgarten liegt in der Münstereifler Höhenregion am Ortsrand des Dorfes Wald. Es ist fast eine Hochebene, von der dieser eben gelegene Garten einen fantastischen Blick in die Ferne gewährt. Vor allem im Herbst und Winter ist soviel Weite und Natur zu sehen und zu fühlen. Der Garten – 3300 m^2 groß und 150 Meter lang – ist abwechslungsreich gegliedert. Trotz der Höhe von 400 m ist der Garten durch hohe Bäume und Sträucher geschützt und hat ein Kleinklima, in dem auch empfindlichere Pflanzen gedeihen. Die Verwendung von Grauwacke verbindet Haus und Garten. Die erhöhte Terrasse des circa 50 Jahre alten Hauses wird von einer Bruchsteinmauer zum Garten hin begrenzt. An ihr ranken Blauregen, Klettertrompete, Clematis und Rosen.

Haus und Garten wuchsen unter der Regie der Vorbesitzerin, einer beliebten Lehrerin, mit Hilfe vieler Dorfbewohner zu einer Einheit. Die Wege aus Grauwacke und das mit Bruchstein und Holz verkleidete Haus passen perfekt zusammen.

Die Eisenpumpe auf der Zisterne, das Baumhaus für die Kinder und die Kräuterspirale aus Grauwacke sind nur einige Ergänzungen der jetzigen Eigentümer. Seit 2000 lebt die Familie Simoneit-Kahl auf diesem Anwesen

Waldmeister (Galium odoratum) breitet sich von ganz allein aus

und nutzt den Garten als zusätzlichen Naturwohnraum. Es wird gespielt, gefeiert und experimentiert. Im Gemüsegarten sind die im Winter abgeschnittenen Haselruten zu einem Flechtzaun verarbeitet worden. Der Wermut, mitgebracht aus der Bretagne, und die Spornblume aus der Provence sind angewachsen und bereichern den heimischen Garten.

Die 6jährige Jette und der 9jährige Jakob lernen, wie die Bohne wächst, die Erbse klettert und die Kartoffeln in der Erde dicker werden. Der Beerengarten lädt zum Naschen ein und die Feuerstelle wird für Kartoffelfeuer und Stockbrot gebraucht.

Auch die Pflanzenwelt findet hier ihren Spielraum. Schneeglöckchen, Primeln, Traubenhyazinthen und Zierquitte wandern und vermehren sich im Garten. Unter den Sträuchern wuchern der Waldmeister und verschiedene Steinbrechgewächse.

An sonnigen Standorten stehen der Staudenlein (Linum perenne), die Sonnenröschen (Helianthemum Hybriden), Katzenminze (Nepeta x faassenii) und Grasnelke (Armeria maritima). Alles aus Samen oder Stecklingen von Verwandten und Bekannten mitgebracht.

Was anwächst und sich sichtlich wohl fühlt, weil es größer wird und sich vermehrt, darf gerne bleiben. Unter der großen Lärche wachsen Alant und Bambus. Im Vorgarten vertragen sich Rhododendron mit rosa Säckelblume (Ceanothus x 'Marie Simon'), diversen Hortensien und einer Kräuterspirale.

Besonders geliebt werden die Funkien, in manchen Jahren leider auch von den zahlreichen Schnecken. Gänseblümcheninseln im Rasen und auch manches Wildkraut wird geschützt.

Sonnenröschen (Helianthemum-Hybride) fühlen sich in diesem Garten wohl

Sträucher und Bäume werden von Zeit zu Zeit gelichtet, manchmal gefällt und zu Brennholz verarbeitet. So gibt es Holzlager, die den Vorrat für den Kaminofen aufnehmen.

Alle Gartenabfälle werden kompostiert und dem Garten wieder zugeführt. Auch Kompost aus der Kompostieranlage wird zur Bodenverbesserung genutzt.

Dekorativer Mangold

Gartenspezifischer Überblick

Selbstgefertigte Flechtzäune

Wer sehr viele Weiden (Salix), Haselnusssträucher (Corylus avellana) oder auch Ziersträucher im Garten hat, kann die 1-2jährigen Triebe für Beetumrandungen und Flechtzäune verarbeiten. Die Triebe sollten mindestens 1 m Länge haben. Oft sind Sträucher, die im vergangenen Winter radikal zurückgeschnitten worden sind, über den Sommer stark ausgetrieben.

Diese Triebe sind hervorragend für Flechtarbeiten geeignet. Die dicken Enden der Triebe sind oft sehr verholzt und nicht mehr so biegsam. Sie eignen sich als Pflöcke/Rippen, um die geflochten wird. Dies ergibt ein waagerechtes Geflecht, dass sehr schön als Beetumrandung geeignet ist.

Wer traditionell seinen Gemüsegarten einfrieden möchte, baut einen Senkrechtzaun. Starke Ruten werden senkrecht durch drei quer laufende Streben geführt. Dies kann fortlaufend geschehen oder elementweise. Die einzelnen Elemente werden dann an Pfosten befestigt. Tore und Verbindungen werden mit dünnen Weidenruten zusammengebunden. Alternativ kann auch Kordel aus Naturfasern genommen werden.

Wer kein geeignetes Material im Garten findet, der kann sich bei den Naturschutzvereinen nach Kopfweidenpflegeterminen erkundigen. Wer mithilft, bekommt meist abgeschnittene Weidenruten kostenlos mit. Auch die Kommunen betreiben Landschaftspflege und können manchmal Schnittgut zur Verfügung stellen.

Übungsstücke und kleinere Umrandungen geben einem ein Gefühl fürs Material.

Wer sich solche Zäune in natura ansehen möchte, findet sie oft in Freilichtmuseen oder auch in traditionellen Handwerksdörfern.

Material

- 1jährige oder auch 2jährige Triebe, kleine Seitentriebe entfernen
- möglichst lang
- biegsam
- bis zur Verarbeitung feucht lagern
- starke Pflöcke für das Flechtwerk

Werkzeug

- scharfe Säge
- scharfe Astschere
- scharfe Schere
- Gummihammer
- Fäustel oder Vorschlaghammer zum Einschlagen der Pfosten/Pflöcke
- Nägel für Querlattierung bei Senkrechtzaun
- Metermaß und Wasserwaage für Abstände und Aussehen der Flechtzäune

Flechtvorgang

- Länge der Pflöcke ist gleich Zaunhöhe plus 30-50 cm Einschlagtiefe
- zu Anfang lieber niedrige Zäune flechten, um ein Gefühl für das Material zu bekommen
- Abstand der Pflöcke, je nach Länge der Flechttriebe so eng setzen, dass die Triebe mehrmals hin und her geführt werden können
- mit einem Gummihammer können die Triebe so dicht zusammengeschlagen werden, dass kaum Zwischenräume entstehen
- als Eckverbindungen stoßen 2 Flechtseiten aufeinander, Ruten sauber abschneiden und die Stoßenden zusammenbinden
- für das Eingangstor können stabile Astgabeln genommen werden, in die dann das Torelement eingehängt werden kann

Flechtzaun aus Haselnussruten

Quittenlikör
2007

Schlehensirup

Sie benötigen:

2 kg Schlehen

750 g Zucker

Msp. Zimt

Msp. Nelkenpulver

Zubereitung:

Schlehen mit kochendem Wasser übergießen und 24 Stunden kühl stellen.

Flüssigkeit abgießen, noch mal aufkochen, wieder über die Schlehen gießen; insgesamt dreimal wiederholen.

Flüssigkeit absieben, mit Zucker aufkochen und mit Zimt und Nelken würzen. Heiß in Flaschen mit Schraubverschluss füllen. Gut eignen sich leere Grillsoßenflaschen.

Quittenlikör

Sie benötigen:

500 g Quitten

200 g brauner Rohrzucker

1 Flasche Korn (0,7l)

1,5 l Einmachglas und Likörflaschen

Zubereitung:

Gewaschene Quitten mit Schale, aber ohne Kerngehäuse in Stücke schneiden. Rohrzucker dazu geben und mit dem Korn auffüllen; 6 bis 8 Wochen ruhen lassen. Flüssigkeit in Likörflaschen abfüllen und verschließen.

Ein Nutzgarten in Tortenform

Ein kreisrunder Gemüsegarten aus achtzehn verschiedenen Beet-Tortenstücken umrahmt von einem schönen Ziergarten

Im Vinxtbachtal in der Vulkaneifel liegt dieser originelle Garten. Die alte Mühle von 1631 ging 1980 in den Besitz über. Der Vinxtbach fließt auf der ganzen Länge des Mühlengeländes. Malerische alte Baumgruppen stehen am Bachlauf.

Während der Renovierung des alten Gemäuers verwandelte sich die Wiese in einen Gemüsegarten. Zuerst mit rechteckigen Beeten ohne Blumen als reiner Nutzgarten. Wenig später erfolgte dann die kreisförmige Anordnung der Beete. Der Aushub des äußeren Rundweges landete in der Mitte des Kreises. Aus achtzehn einzelnen Beeten besteht der runde Nutzgarten. Die Gartenbesitzerin, eine studierte Medizinerin, lebte lange Zeit nur für und mit ihrem Garten. Sie kultiviert nur nach der Natur und richtet sich nach den Informationen, die sie direkt von Pflanze und Tier bekommt. Die Kommunikation auf geistiger Ebene ist im Leben der aktiv am Gemeindeleben beteiligten Frau ganz normal. Ihr gesamtes Leben ist ein Leben im Einklang mit der Natur.

Samen werden selbst gewonnen und wieder ausgesät. Fremdes Saatgut bezieht sie fast ausschließlich von Demeter, einer Initiative von Vermehrungsgärtnereien, die Sämereien aus biologisch-dynamischem Anbau

Ein Garten für den täglichen Gebrauch
Im Vixtbachtal bei Niederzissen liegt dieser originelle Nutzgarten. Zwei Generationen leben miteinander und ernähren sich aus dem alten Mühlengarten.

Belana
früh

vertreiben. Neue und alte Nutzpflanzen werden auf den Beeten angebaut. Dabei liegt immer abwechselnd ein Beet brach. Dieses Beet wird dann mit Phacelia eingesät. Die blauen Blüten dieses Gründüngers, der auch Bienenfreund genannt wird, sehen schön aus und liefern Nahrung für die Bienen. Rosa blühender Polsterthymian (Thymus Hybride 'Duftkissen') wächst an den Wegrändern und wird immer wieder geteilt und an neu angelegten Wegen gepflanzt.

Die Versorgung mit Gemüse kommt für die zwei Haushalte fast ausschließlich aus dem eigenen Garten. Etliche Gärtöpfe werden regelmäßig gefüllt. Kürbisschnitze ('Muscat de Provence' und die süßen Moschuskürbisse eignen sich besonders gut) und Apfelscheiben trocknen im alten Backofen zu leckeren Trockenfrüchten.

Seit ein paar Jahren wohnen Sohn und Schwiegertochter in einem umgebauten Nebengebäude. Die beiden geben im Garten tatkräftige Unterstützung. Auf der hinteren Wiese wurde ein Garten mit Rosenbeeten angelegt und unter der Schatten spendenden Baumgruppe ein Moorbeet gepflanzt. Wege und Sitzplätze legt und pflastert der Sohn selbst. Die Mutter ist froh, einen Teil der Gartenarbeit abgeben zu können: Das „Loslassen" von Garten und Erde eröffnet ihr wieder Raum für Heilung und medizinische Themen.

Etwas Fachliches ...

Gartenspezifischer Überblick

Die Planung eines Gemüsegartens wird bestimmt von dem Standort und der Lage des vorhandenen Grundstücks. Wie viel und was soll angebaut werden?

Für die Beeteinteilung sind gewisse Maße zu beachten, damit die Arbeit im Garten nicht unnötig erschwert wird.

Wegbreite: mindest. 30 cm, damit auch eine Schubkarre darauf Platz hat.

Beetbreite: max. 150 cm, wenn es von beiden Seiten vom Weg aus bearbeitet werden soll.

Der Platzbedarf der einzelnen Kulturen ergibt sich aus dem gesamten Platzbedarf der einzelnen Pflanzen. Hinweise stehen meistens auf den Samentüten.

Die Beete sind oft rechteckig in Reihe angelegt. Geometrische Formen mit Wegekreuz und zentralem Platz findet man oft in historischen Gärten. Mit Mustern, Farben und Wuchshöhen wird in den klassischen Pottagers (Küchengärten) spielerisch mit verschiedenen Gemüsearten gestaltet.

Dauerhafte Struktur geben Wege und Beeteinfassungen. Zur Befestigung der Wege sind unter anderem Natursteinplatten, Flusskiesel, Betonplatten, Ziegelstein, Sand und Rindenmulch gut geeignet.

Die Beeteinfassung ist bei einem festen Wegebelag nicht unbedingt nötig.

Dauerhafte Hecken aus niedrigem Buchsbaum sind die bekannteste Beeteinfassung des Bauerngartens. Aber auch Flechtzäune aus Weide und Haselnuss sehen dekorativ aus.

Niedrige Mauern und Eisengitter zum Stecken werden auch verwendet.

Umrandungen aus Salat, Petersilie und anderen Kräutern können jedes Jahr wechseln.

Die Anordnung der Beete kann aber auch spiralförmig oder geschwungen sein. Das sieht interessant aus und kann den Nutzgarten zur zierenden Gestaltung einbeziehen.

Mixed Pickles

Mixed Pickles sind sauer eingelegte Gemüse. Mit Hilfe der Milchsäurebakterien werden Stärke und Zucker des Gemüses in Milchsäure umgewandelt. Salz ohne Zusätze wird dazugegeben, um zu Beginn die Bildung von Schimmel und Fäulnis zu verhindern. Als Starter eignen sich Ferment aus dem Reformhaus oder Molke.

Große Steintöpfe mit einer salz- und säureunempfindlichen Glasur sind als Gärtöpfe gut geeignet. Kleine Töpfe fassen 6 Liter Inhalt, die größten können 30 Liter aufnehmen. Für kleine Mengen und zum Probieren kann man auch Einmachgläser verwenden.

Rezept

Sie benötigen für einen 10 l Gärtopf:

10 kg Gemüse, z.B. kleine Gurken, Möhren, kleine Zwiebeln, Blumenkohl oder Brokkoliröschen, Paprika, Maiskölbchen, Selleriestücke

60–80 g Salz

Senfkörner, Pfefferkörner, Wachholderbeeren, Nelken, Kümmel nach Geschmack, auch **Chili** oder **Peperoni**

Dill, Estragon, Lorbeerblätter je nach Geschmack

250 ml Molke oder **Ferment**

große Kohlblätter zum Abdecken

Zubereitung:

Gemüse waschen und putzen, mit Salz, Kräutern und Gewürzen mischen. Einen kleinen Teil in den Gärtopf schichten und gut zusammenpressen. Nach und nach alles fest einschichten, die Molke oder das Ferment dazugeben und mit den Blättern abdecken. Abgekochtes, leicht gesalzenes Wasser darüber schütten, bis das Gemüse vollständig bedeckt ist. Datum auf den Topf schreiben und 5 Tage bei Zimmertemperatur stehen lassen, danach an einem kühlen Ort lagern. Nach vier Wochen ist der Inhalt fertig zum Verzehr.

Ein Garten mit Bach und Beerensträucher-spirale
Der Vinxtbach trennt den Hausgarten und die Wiese der naturverbundenen Familie. Ein Familienleben mit und in der Natur.

Ein Garten mit Bach

Tradition und neue Ideen werden pfiffig miteinander kombiniert

Neben der alten Mühle im Vinxtbachtal liegen Gartengrundstück und Wiese, getrennt vom Vinxtbach. Das traditionell gebaute Fachwerkhaus liegt tiefer als die Dorfstraße. Das Hanggrundstück verläuft in verschiedenen Ebenen bis zum Vinxtbach hinunter. Eine Holzbrücke erschließt die gepachtete Wiese. Ein Bolzplatz für die Kinder und für die Eltern Obstbäume und Rebstöcke. Über zwanzig alte und neue Obstsorten auf Halb- und Hochstamm wachsen dort. An den Hängen des Vinxtbachtals sind große alte Streuobstwiesenbestände. Die Gartenbesitzerin setzt sich mit ihren Nachbarn als Mitglied des Gemeinderats sehr für den Erhalt der alten Traditionen ein. So entstand in der Gemeinde ein Streuobstwiesenlehrpfad. Auch der Weinbau war früher an den warmen Südhängen vulkanischen Ursprungs üblich. Da lag es nahe, die Tradition wieder aufleben zu lassen. Mit Hilfe einer befreundeten Winzermeisterin sollen die Trauben der Pilz widerstandsfähigen Rebsorten 'Cabernet- Jura' und 'Pinotin' später zu edlem Wein gekeltert werden. Eine Wildgehölzhecke, entlang des Feldwegs gepflanzt, soll Reben und Obstbäume schützen und den Schädlinge vertilgenden Vögeln Unterschlupf bieten. Auch das Hausgrundstück bietet der Tierwelt Lebensraum. Haselnüsse (Corylus avellana), Felsenbirnen (Amelanchier laevis) und gemeiner Schneeball (Viburnum opulus) sind mit Schmetterlingsflieder (Buddleja davidii), Pfeifenstrauch (Philadelphus coronarius) und Zierquitten (Chaenomeles speciosa) mit den Ziergehölzen des Nachbargartens zusammengewachsen. Ein laubenartiger Weg führt zum Haus und zur sonnigen Terrasse. Dort mischt sich der Duft der Strauchrosen mit herben Rosmarin- und

Thymianaromen. Sobald das Wetter es zulässt, isst und lebt die Familie draußen. Nach anstrengender Gartenarbeit oder stressigem Büroalltag ist der Sprung in den kühlen Teich Erholung pur.

Der kleine, mit Buchsbaumhecken umgebene Gemüsegarten liegt direkt am Haus, damit Salat und Co. schnell in die Küche gelangen können. Eine Reihe Hortensien grenzt den kleinen Bauerngarten zur nachbarlichen Buchenhecke ab. Regelmäßig werden Bäume und Sträucher geschnitten. Dabei fällt eine Menge Schnittgut an. Es diente als Unterbau für ein Hügelbeet in Spiralform. Auf diesem Beet sind Beerensträucher angepflanzt. Großzügig angelegt ist auch der Kompostplatz, geschützt mit einem bepflanzten Erdwall. Dort werden Schnittgut und Gartenabfall gelagert und nach und nach verarbeitet. Kompost ist ein willkommener Bodenverbesserer für den schweren, lehmigen Boden. Um den Abfall aus dem Garten sinnvoll zu verwerten, hat sich die leidenschaftliche Gärtnerin mit der Kompostierung be-

schäftigt: „Die Pflanzen brauchen Humus zum gesunden Wachsen. Es ist der natürliche Kreislauf des Lebens, nach dem Tod wieder zu Erde zu werden. Nun sind auch unsere Küchenabfälle organisches Material und können mit den Gartenabfällen zusammen kompostiert werden. Da im Spätherbst große Mengen an Laub und Schnittgut anfallen, ist oft erst im Dezember Zeit einen Teil davon zu verarbeiten. Wichtig ist, dass die Zusammensetzung des Komposthaufens möglichst vielfältig ist. Die Aufschichtung soll eine Mischung aus z.B. Laub, Rasenschnitt, Schnittgut und Küchenabfällen sein. Zwischen die einzelnen Schichten wird immer wieder Erde oder alter Kompost gegeben. Zusätzlich Kalk und Urgesteinsmehl helfen den Mikroorganismen organisches Material in Humus umzuwandeln".

Im Garten liegt der Komposthaufen schattig bis halbschattig. Unkraut mit Samenständen und Wurzelunkräuter (Quecke, Ackerwinde, Brennnessel, Ackerschachtelhalm) werden gesondert getrocknet und anschließend kompostiert. Mit zusätzlichen Kalkstickstoffgaben kann ein großer Teil der Samen zerstört werden. Auch krankes Pflanzenmaterial wird mit Zusatz von Kalkstickstoff verkompostiert.

Etwas Fachliches ...

Gartenspezifischer Überblick

Anlage eines Hügelbeetes

Hügelbeete sind von der Form und Länge frei gestaltbar. Dadurch sind Hügelbeete für die Gestaltung des Gartens eine viel zu selten genutzte Möglichkeit. Das Hügelbeet erwärmt sich schneller und darauf angebautes Gemüse wächst schneller. Der Wurzelraum ist lockerer und Nährstoffe für die Wurzeln leichter zugänglich.

Maße

Breite: 150-180 cm, Höhe: 70-90 cm, Länge beliebig

Material

Grobe Äste, Zweige, Stroh oder Laub, Erde, Kompost. Der Untergrund wird auch auf der ganzen Länge 20-30 cm ausgehoben. Auch tiefer ist möglich, wenn sehr viel Schnittgut vorhanden ist, dass verarbeitet werden soll.
Viele Anleitungen sehen einen Wühlmausschutz wie beim Hochbeet vor, leider können die Tiere von den Seiten ungehindert eindringen; daher kann eigentlich darauf verzichtet werden.

Der Aufbau ist genau wie der des Hochbeetes, nur ohne Seiten-Begrenzung.
Beim Hügelbeet ist mehr Fläche vorhanden, die vor Erosion geschützt, das heißt bepflanzt werden sollte. Hier hilft man sich mit Gründünger Einsaat oder auch mit Mulchvliesen.

Bewässerung

Hoch-und Hügelbeete müssen eine gute Bewässerungsmöglichkeit haben. Durch intensive Bepflanzung und der großen Oberfläche haben sie auch eine größere Verdunstung. Quellschläuche sind für eine effektive Bewässerung hervorragend geeignet.

er Vinxtbach und Wiese

Immergrüner Hausbaum (Primus lusitanica) für halbschattigen Standort

Schnuppern und Anfassen erlaubt

Nur die Harten bleiben in diesem Garten

Opas Obstgarten in Mechernich-Eicks ist zu einem Paradies für Pferde und Pflanzen geworden.

Als Kind durfte Sabine Keller in Großvaters Garten zwei Beete bewirtschaften, und schon damals pflanzte und kultivierte sie auf ihrem heutigen Hausgrundstück. Heute noch sind Gartenteile des Großvaters erhalten. Das Holzhaus ist dem Garten entsprechend geplant und gebaut worden. Auch ein Pferdestall ist integriert, dessen Gebäude mit Kletterrosen und Ramblerrosen teilweise bewachsen sind. Immer bleibt der Garten mit seinen Pflanzen im Mittelpunkt.

Die passionierte Gärtnerin, im Berufsleben Beamtin, legt Wert darauf, dass der Garten den meisten Raum vom 1.220 m^2 großen Grundstück einnimmt.

Der Garten wird von einer mächtigen österreichischen Schwarzkiefer (Pinus nigra ssp. nigra) im Vorgarten, einem Blutahorn (Acer platanoides 'Faassen's Black') und einer Blutbuche (Fagus sylvatica f. purpurea) eingerahmt. Auch die Blaue Atlaszeder (Cedrus atlantica 'Glauca') und ein Goldregen (Laburnum x watereri 'Vossii') geben Farbe in den Garten.

Die Pflanzenliebhaberin ist Mitglied in der „Gesellschaft der Staudenfreunde" und im Verein „Naturnah leben". Sie nutzt den sehr heißen und trockenen Garten für

Der Garten von Sabine Keller in Mechernich-Eicks
Die Pflanzen im Garten der experimentierfreudigen Pflanzensammlerin Sabine Keller vertragen Trockenheit und Hitze. Auf über 1000 m² gedeihen alte und neue Kulturpflanzen in bunter Mischung

Blühender Salb

alle Kräuter, Gemüse, Rosen und Zierpflanzen, die nach Aussaat oder Pflanzung gedeihen. Besonders beliebt sind duftende Gewächse, die natürlich möglichst trockenresistent sein müssen. So ist der Garten mit standortgerechten Stauden und Gehölzen besiedelt. Was an einer Stelle gut wächst, darf auch dort bleiben, wird über die Jahre geteilt und an andere Gartenliebhaber abgegeben.

Am langen Gartenzaun wird der Besucher von einer Auswahl verschiedener Clematisarten begrüßt. Der Weg zum erhöht gelegenen Garten wird gesäumt mit duftendem Salbei und Thymianen. Auch die historischen Strauchrosen, am recht steilen Hang gepflanzt, verströmen ihren bezaubernden Duft. Der Gang durch den Garten ist ein einziges Dufterlebnis. Würzig riechender Salbei wechselt mit

Akanthus (Acanthus hungaricus)

süßem Duft der Pfingstnelken, übergehend in den zarten Tagliengeruch.

Auch Nachtviole und Veilchen verströmen zu ihrer Blütezeit angenehmen Duft. Dazwischen wachsen Meerkohl und Astern.

Die Blüten der 'Louise Odier' werden für Rosenblütengelee verwendet und die angebauten Gemüsesorten werden geerntet und gegessen. Auch die drei Pferde fressen im Winter die Topinamburknollen. Dafür liefern sie den Mist für den Garten. Zusätzlich mit etwas Kalk und Hornspänen wird der Garten ertragreich gehalten. Zwischen den Stauden wird mit Holzspänen gemulcht und so der Zeitaufwand fürs Jäten gering gehalten.

Die Leidenschaft des Sammelns findet immer neue Nahrung in den Pflanzenmärkten der Vereine, aber auch, das Sortenbuch des Privaten Samenarchivs' von Gerhard Bohl ist eine Quelle für neue oder unbekannte Nutz- und Zierpflanzen.

So kamen roter Grünkohl, blaue und rosa Kartoffeln, ewiger Kohl, Erbsen mit blauen und gelben Schoten, bunter Mangold und zig Tomatensorten in den Garten von Sabine Keller. Auch die Speisekürbissorten werden in einem besonderen Mistbeet kultiviert und hängen später dekorativ den Hang hinunter. Im Mai ist noch der 'Muscat de Provence' im Wintergarten zu bewundern. Bis zu einem Jahr hält sich diese Kürbisart und ist dann auch noch lecker nach der Zubereitung.

Fackellilie (Kniphofia)

Wer des Weges kommt, bleibt am Gartenzaun stehen, und wenn es der Zufall will, entdeckt man an den üppig wachsenden Pflanzen ein Namensschild oder kann die leidenschaftliche Gärtnerin selbst zu ihrer Pflanzenvielfalt befragen. Es macht ihr Freude, ihr Wissen und ihre Erfahrungen weiter zu geben. Und glücklich ist, der einen Kürbis, einen Ableger oder einen Samenstand mit nach Hause nehmen kann.

Goldregen und duftende weiße Kletterrose (Ilse Krohn Superior)

Etwas Fachliches …

Gartenspezifischer Überblick

Wer einen sehr sonnigen und trockenen Garten sein Eigen nennt, hat in den vergangenen Jahren sehr viel für die Wasserversorgung seiner Gartenpflanzen tun müssen. Trotz hohem Gießaufwand leiden viele unserer herkömmlichen Pflanzen unter der Hitze und stellen ihr Wachstum ein, fangen an zu verfärben und werfen dann auch Blätter ab.

Bodenverbesserung mit speicherfähigem Humus ist eine langfristige Maßnahme und nicht ohne viel Aufwand direkt durchzuführen. Automatische Bewässerung ist nicht immer einfach zu installieren und benötigt eine regelmäßige Überwachung.

Ein anderer Weg, wieder einen auch in heißen Sommern attraktiven Garten zu bekommen, ist die Bepflanzung des Gartens nach und nach zu verändern.

Alle Bäume, Sträucher, Stauden und Zweijährigen, die gut aussehen, werden natürlich behalten. Alle Pflanzen, die nicht mehr so richtig gedeihen und nach Trocken- und Hitzeperioden trotz Gießen überhaupt nicht mehr schön sind, werden ersetzt.

Dazu gehört auch eine genaue Beobachtung der betreffenden Pflanze, denn es kann durchaus eine andere Ursache haben, dass diese Pflanze kränkelt. Standort, Bodenansprüche, Nährstoffversorgung, Pilze und Insektenbefall sollten vorher überprüft werden.

Auch ein Schaden im Wurzelbereich oder Stamm im vorherigen Winter zeigt sich oft erst im Laufe des Jahres. Bei Immergrünen kann man oft erst nach Monaten einen Frostschaden im Wurzelbereich feststellen. Auch zuviel Dünger (Salz) oder zuviel Wasser (Staunässe) schädigen die Pflanzen nachhaltig.

Pflanzen, die eine Pfahlwurzel oder eine rübenartig verdickte Wurzel haben, sind für Trockenperioden gut ausgerüstet. Auch Pflanzen mit einem weit verzweigten Wurzelgeflecht können sich besser Wasser holen. Wer einen Baum in den Garten pflanzen möchte, sollte sich also vorher erkundigen, wie das Wurzelwerk beschaffen ist.

Die Eifelgärten

BAND 1

1 **Ein Garten zum Entdecken!***, Sabine Lanta, Amselweg 25, Schleiden-Olef, Tel. 0 24 45/91 23 54, (siehe S. 20)

2 **Der Zwergengarten**, Erwin und Magdalena Furche, Heimbach (siehe S. 26)

3 **Der professionell angelegte Garten***, Bernhard und Gabriele Pauls, Rurstr. 43a, Simmerath-Einruhr, Tel. 0 24 85/91 11 41 (siehe S. 28)

4 **Der Altenteiler Hof***, Gustav und Monika Schink, Zum Röresberg 12, Schleiden-Bronsfeld, Tel. 0 24 45/52 32 (siehe S. 34)

5 **Ein moderner Landhausgarten***, Dieter Sorgatz, Thomasstr. 30, Bad Münstereifel, Tel. 0 22 57/95 26 99 (siehe S. 42)

6 **Ein alter Fachwerkhof***, Horst und Brigitte Krieg, Honderberg 7, Kall-Straßbüsch, Tel. 0 24 41/54 00 (siehe S. 46)

7 **Ein eindrucksvoller Stadtgarten**, Euskirchen (siehe S. 50)

8 **Ein Garten mit Flair***, Hilde und Raymund Ibba, Weiherstr. 16, Monschau-Höfen, Tel. 0 24 72/17 14 (siehe S. 54)

9 **Hortus Dialogus*** (öffentlicher Garten), Friedrich und Maria Ostenrath, Commweg 8-10, Nideggen-Abenden, Tel. 0 24 27/81 42 (siehe S. 68)

10 **Bauerngarten mit Romantik**, Gudrun Müller, Jünkerath-Esch (siehe S. 76)

11 **Lentges Mühle**, Ilonka Gruner, Blankenheim-Wald (siehe S. 84)

12 **Eine alte Scheune am Bach**, Heinz und Elke Lellau, Heimbach-Vlatten (siehe S. 92)

13 **Moderner Gartenpark***, Turgut und Marlene Mehmet, Triftstr. 68, Monschau-Höfen, Tel. 0 24 72/39 66 (siehe S. 96)

14 **Der traditionelle Nutzgarten***, Josef Schmitz, Hauptstr. 94, Blankenheim-Ripsdorf, Tel. 0 24 49/72 40 (siehe S. 104)

15 **Ein Bahnhof mit neuer Aufgabe**, Blankenheim (siehe S. 110)

16 **Es war einmal eine alte Schafswiese ...***, Jürgen Mellinghoff, Im Pesch 11, Blankenheim-Hüngersdorf, Tel. 0 24 49/2 02 (siehe S. 118)

17 **Der etwas andere Stadtgarten**, Lydia Fisk, Euskirchen (siehe S. 126)

18 **Ein Garten zur Entspannung***, Christian Lock, Blankenheim, Tel. 0 24 49/15 44 (siehe S. 130)

19 **Der Efeugarten***, Arthur Hanf, Luxemburger Str. 12, Hellenthal-Hollerath, Tel. 0 24 82/13 36 (siehe S. 136)

20 **Die alte Kornmühle in Eiserfey** (Garten einsehbar), Anna Breuer und Margarete Stroth, Hauserbachstr. 22, Mechernich-Eiserfey (siehe S. 142)

21 **Ein Garten in Hanglage***, Willi Körner, Dechant-Pesch-Str. 10, Hellenthal-Miescheid, Tel. 0 24 48/2 59 (siehe S. 152)

22 **Der Rosengarten***, Josef Schlagloth, Heidbüschel 71, Imgenbroich, Tel. 0 24 72/27 98 (siehe S. 156)

23 **Eine historische Parklandschaft**, Erbengemeinschaft Hermann Seul, Mechernich-Kommern (siehe S. 164)

24 **Der Hausgarten**, Margret Dederichs, Schleiden (siehe S. 174)

25 **Ein mediterraner Garten***, Ulrike Förschler, Hubertusstr. 16, Euskirchen-Kreuzweingarten, Tel. 0 22 51/6 45 95 (siehe S. 180)

26 **Ein bunter Höhengarten***, Ingeborg Schulz, Mühlenberg 18, Bad Münstereifel-Houverath, Tel. 0 22 57/95 26 79 (siehe S. 184)

27 **Ein Stadthausgarten auf dem Land***, Hans-F. und Gerti Willmes, Billiger Str. 125a, Euskirchen, Tel. 0 22 51/6 35 12 (siehe S. 190)

28 **Der englische Landhausgarten**, Anna Scheiff, Euskirchen-Kirchheim (siehe S. 194)

29 **Ein Garten der Gegensätze**, Kajo Nelles (siehe S. 200)

30 **Das Biotop**, Bad Münstereifel-Houverath (siehe S. 204)

31 **Der Wassergarten***, Dr. med. Edgar Schloesser, Rötgenstr. 9, Schleiden-Scheuren, Tel. 0 24 45/76 76 (siehe S. 208)

32 **Garten(t)räume**, Dipl.-Ing. Harald Wolter, Schleiden-Dreiborn (siehe S. 216)

33 **Der Waldgarten**, Thekla Simoneit, Bad Münstereiel-Wald (siehe S. 220)

34 **Ein Nutzgarten in Tortenform**, bei Niederzissen (siehe S. 228)

35 **Ein Garten mit Bach**, Niederzissen-Waldorf (siehe S. 236)

36 **Schnuppern und Anfassen erlaubt***, Sabine Keller, In den Färbergärten 15, Mechernich-Eicks, Tel. 0 24 43/68 01 (siehe S. 242)

* Garten darf nach vorheriger Anmeldung besucht werden

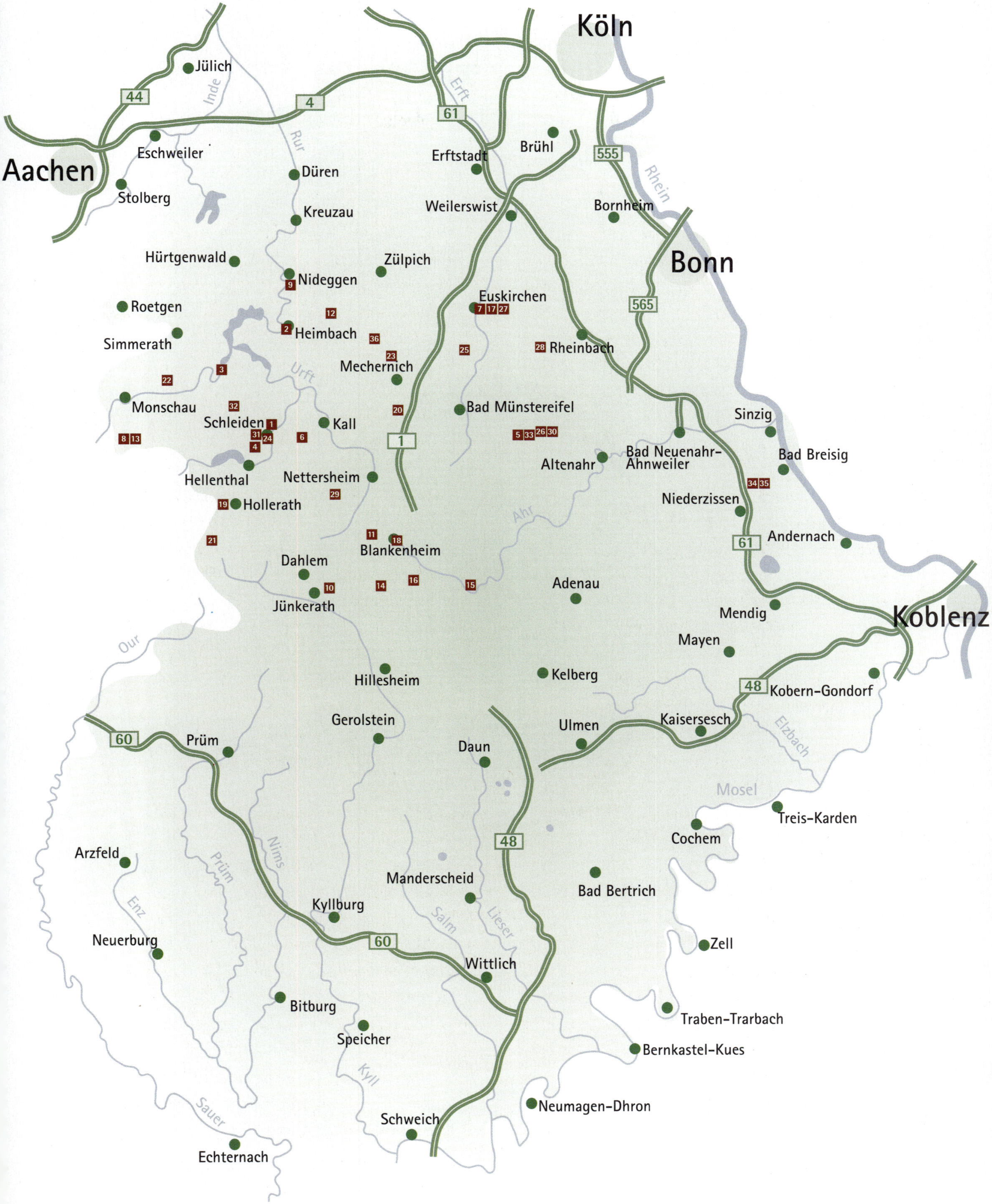
Köln
Jülich
44
4
Inde
Rur
Erft
61
Aachen
Eschweiler
Stolberg
Düren
Erftstadt
Brühl
555
Rhein
Weilerswist
Bornheim
Kreuzau
Bonn
Hürtgenwald
Zülpich
Nideggen
9
Roetgen
Euskirchen
7 17 27
565
12
Simmerath
2
Heimbach
36
25
28
Rheinbach
23
Mechernich
3
Urft
22
Monschau
32
Bad Münstereifel
20
Schleiden
1
31
24
Kall
6
8 13
4
1
5 33 26 30
Sinzig
Bad Neuenahr-Ahrweiler
Altenahr
Bad Breisig
Hellenthal
Nettersheim
34 35
19
Hollerath
29
Niederzissen
Ahr
11
18
Blankenheim
61
Andernach
21
Dahlem
10
Jünkerath
14
16
15
Adenau
Mendig
Koblenz
Our
Mayen
Hillesheim
Kelberg
48
Kobern-Gondorf
Gerolstein
Ulmen
Kaisersesch
Elzbach
60
Prüm
Daun
Mosel
Treis-Karden
Cochem
48
Nims
Prüm
Arzfeld
Manderscheid
Bad Bertrich
Enz
Kyllburg
Salm
Lieser
Neuerburg
60
Zell
Wittlich
Bitburg
Traben-Trarbach
Speicher
Bernkastel-Kues
Kyll
Sauer
Neumagen-Dhron
Schweich
Echternach

Kleines Gärtnerlexikon

Ahorn (Acer), Berg-, Feld-, und Spitzahorn sind sehr robust und haben eine leuchtend gelbe bis orange Herbstfärbung. Japanische Ahorne sind für ungeschützte Höhenlagen und extrem schwere Böden nur bedingt geeignet.

Amberbaum (Liquidambar styraciflua) aromatisch riechende ahornähnliche Blätter, die sich im Herbst dunkelrot färben. Der Baum ist in jungen Jahren frostgefährdet.

Bambus (Fargesia, Phyllostachys, Sasa) gehört mit zu den Gräsern und hat die Tendenz, sich auch über Gartengrenzen hinaus auszubreiten. Wurzelsperren halten seine Wurzeln und den Ärger der Nachbarn in Grenzen. Harmlos dagegen ist der Gartenbambus (Sinarundinaria/Fargesia murielae), er bildet kompakte Horste mit kurzen Ausläufern. Bimbo, Simba, Jumbo sind bekannte Selektionen. Jumbo und Kranich sind stärker wachsende Sorten, die mit 3-4 m doppelt so hoch werden können wie die Erstgenannten.

Beerenobst (Johannisbeere, Stachelbeere, Erdbeeren, Maibeeren, Heidelbeeren) kann in jedem Garten seinen Platz finden. Die unkomplizierten und pflegeleichten Pflanzen sind je nach Art als Strauch oder Stämmchen zu bekommen. Zum Naschen und für feine Marmeladen sind sie bestens geeignet.

Blumenzwiebeln machen den Garten farbenfroher und schmecken leider oft den Wühlmäusen und Wildschweinen besonders gut. Der mir bekannte beste Rundumschutz besteht aus verzinktem Kükendraht. Narzissen (Narcissus), Traubenhyazinthen (Muscari), Schachbrettblume und Kaiserkrone (Fritillaria) werden nicht gefressen. Elfenkrokus (Crocus tommasinianus) und Wildtulpen (Tulipa tarda) überleben solche Fressattacken meist, indem sie eine große Menge an Zwiebeln entwickeln.

Boden und Erde sind im Garten wichtig für das Wachstum der Pflanzen. Deshalb ist es wichtig, Kenntnisse über Bodenzusammensetzung und Bodenleben zu bekommen. Gesunder Boden bringt gesunde Pflanzen. Nährstoffe und Wasser brauchen Pflanzen, damit sie wachsen können. Die Wurzeln versorgen die Pflanzen und verankern sie in der Erde. Ein optimaler Boden enthält unter anderem einen hohen Anteil an Humus und hat eine gute Wasserversorgung. Humusreiche Böden haben eine dunkle Farbe, lehmige mineralische sind ganz hell. In manchen Teilen der Eifel sieht man rote Erde. Sie enthält Eisenoxide, die eine rötliche Farbe haben.

Bodendecker eignen sich immer gut, um den Gartenboden zu schützen, Hänge zu begrünen und Lücken zu füllen. Standortgerechte Arten machen einen Garten pflegeleichter. Gute Beratung hilft bei der Pflanzenwahl. Storchschnabel (Geranium) in verschiedenen Formen, Thymian und die rote Bodendeckerrose 'Sorrento' sind meine Favoriten.

Buchsbaum (Buxus) ist für alle niedrigen immergrünen Hecken und für Formgehölze lange Zeit die erste Wahl gewesen. Seit ein paar Jahren macht eine Pilzerkrankung (Cylindrocladium buxicola) dem Buchs zu schaffen. Sehr feuchte, warme Standorte begünstigen den Pilzbefall. Wer nicht spritzen möchte, sollte auf andere Pflanzen ausweichen. Stechhülse (Ilex crenata), Eibe (Taxus baccata), höhere Sonnenröschen (Helianthemum Hybride 'Rosi'), Zwergliguster (Ligustrum vulgare 'Lodense') wären unter anderem durchaus ein Ersatz.

Clematis sind aus unseren Gärten nicht mehr wegzudenken. Die Kletterpflanze ist in der Wildform (Clematis vitalba) recht wuchernd, die Gartenhybriden sind alle gut zu händeln. Die gängigen Sorten sind recht preiswert und ein Pflanzversuch ist kein großes Risiko. Tipp: Clematis zwischen anderen Pflanzen auf dem Boden oder einen Hang hinunter ranken lassen.

Duftpflanzen sind nicht nur im Eifelgarten beliebt, sondern für alle Gartennasen eine Supersache. In unserem Garten ist der Muskatellersalbei in Kombination mit der Strauchrose 'Gertrude Jekyll' ein einzigartiger Duftknaller.

Eibe (Taxus baccata), ein mystisches Nadelgehölz, das sehr alt werden kann. Als Heckengehölz und für Formschnitt hervorragend geeignet. Sie wächst langsam und hat die Fähigkeit, bei starkem Rückschnitt am alten Holz wieder auszutreiben. Alle Pflanzenteile bis auf die rote Samenhülle sind stark giftig.

Eisheilige (12.-15. Mai) sind ein markanter Termin. Erst danach sollen einige Pflanzen ins Freiland gesetzt werden. Es ist zwar in den vergangenen Jahren deutlich wärmer geworden und doch ist es immer wieder spannend, wann der letzte Frost vorbei ist.

EM: Effektive Mikroorganismen sind die kleinen Helfer, die auch mit für die Bodengesundheit sorgen. Sie stärken Pflanzen und helfen auf natürlichem Weg, die Pflanzen im Garten gesund zu erhalten.

Formgehölze werden meist aus den immergrünen Gehölzen wie Eibe und Buchsbaum gezogen. Regelmäßiger Schnitt macht die Formen dichter. Auch die laubabwerfende Hainbuche ist für den Formschnitt gut geeignet. Je kürzer und feiner Blätter und Triebe sind, desto kleinere und differenziertere Formen können erzielt werden.

Formschnitt: Vorgezogene Kugeln, Kegel und Pyramiden sind in jedem guten Gartencenter zu bekommen. Komplizierte Formen haben ihren Preis. Fangen sie mit einfachen Formen an und steigern sich langsam. Nur mit Geduld kommt man ans Ziel.

Frostschutz und Winterschutz sind für empfindliche Pflanzen wichtig. Mittlerweile werden die unterschiedlichsten Materialien angeboten. Lassen Sie das Laub im Herbst auf den Staudenbeeten liegen. Schneiden Sie empfindliche Pflanzen nicht vor dem Winter zurück. Fichten- und Tannenzweige schützen Beete und Rosen. Zusätzlich kann man Stroh um die Pflanzen legen oder mit einbinden. Bäume können mit einem hellen Stammanstrich gegen Frostrisse in der Rinde geschützt werden.

Funkien (Hosta) sind eine der schönsten Blattstauden. Schnecken haben sie zum Fressen gern; in Töpfen und Kübeln gehaltene Pflanzen sind vor Schneckenfraß geschützter. Pralle Sonne und Hitze mag die Funkie nicht so gern. Die großen auffallenden Blätter in allen Grüntönen und panaschierten Formen sind für schattigere Gartenecken genau richtig. Die hohen weißen oder lila Blüten erhöhen den Zierwert dieser Staude noch einmal.

Gemüsepflanzen machen nicht nur im Nutzgarten Sinn. Mangold, Palmkohl und Rhabarber sehen auch im Blumenbeet schön aus. Man kann Pflanzen kaufen oder selber aus Samen ziehen. Je rauer das Klima ist, umso kürzer ist die Vegetationszeit. Vorkultivierte Pflanzen haben dann einen Vorsprung gegenüber den Freilandpflanzen. Der Einsatz von Folientunneln und Vliesen verlängert die Wachstumszeit. Besonders die wärmeliebenden Tomaten, Paprika und Auberginen sind im Gewächshaus erfolgreicher zu kultivieren.

Gewächshaus, Folientunnel und Frühbeetkasten sind im Garten fast unentbehrliche Helfer für die Kultur wärmeliebender Pflanzen und für die eigene Anzucht von Jungpflanzen. Glashäuser haben durchaus auch einen gestalterischen Wert für den Garten. Folientunnel

und Frühbeetkasten sind je nach Bauart sogar mobil im Garten einsetzbar. Wichtig zu wissen beim Einsatz von Glas und Folie ist, dass es darunter auch zu heiß, zu feucht oder zu trocken werden kann. Deshalb sind Gießen, Lüften und Schattieren besonders wichtige Pflegemaßnahmen bei der Gewächshauskultur.

Gießen: Gießkanne, Schlauch und Bewässerungssysteme helfen uns dabei, das Wasser zur Pflanze zu transportieren. Bei der Gartenplanung sind die Kulturansprüche der einzelnen Pflanzen mit zu berücksichtigen. Wasserleitungen frostfrei verlegen. Der Einbau von Zisternen und standortgerechte Pflanzung erleichtern die Wasserversorgung der Pflanzen sicherzustellen.

Ginster (Cytisus scoparius) ist das satte warme Gelb im Frühjahr in unserer Landschaft. Das so genannte „Eifelgold" haben die Menschen in der Eifel genug und „steinreich", d.h. reich an Steinen sind sie auch. Für den Garten gibt es auch Ginster mit rosa, hellgelben und orangebraunen Blüten. Ihr Duft schmeichelt nicht jeder Nase, aber passt in die rauere Landschaft der Eifel.

Gräser sind für den naturnahen Garten ein wichtiger Bestandteil der Pflanzengesellschaften. Die fruchttragenden Halme sind im Winter dekorativ und bereichern den Speiseplan der Tierwelt. Auch im Ziergarten sind Gräser gern verwendete strukturgebende Staudenbegleiter.

Hartriegel (Cornus) sind als Sträucher aus unseren Gärten mit den roten, gelbgrünen und schwarzen Trieben nicht mehr wegzudenken. Die Kornelkirsche (Cornus mas) hat eine gelbe Blüte und trägt essbare rote Früchte. Die Blumenhartriegel (Cornus florida, C. nuttallii, C. kousa var. Chinensis) haben je nach Sorte weiße oder rosa zu Blüten umgewandelte Hochblätter. Auffällige rosa Früchte und eine tolle Herbstfärbung machen diese Sträucher interessant. Ein geschützter Standort und humoser, leicht saurer Gartenboden lassen dieses Gehölz erfolgreich im Garten gedeihen.

Heckenpflanzen für geschnittene Hecken sollen meist schnell wachsen und schön dicht werden. Traditionell sind Hainbuche (Carpinus betulus), Rotbuche (Fagus sylvatica) und Weißdorn (Crataegus monogyna) verwendet worden. Weißdorn wehrt mit seinen Dornen besonders gut Eindringlinge ab, der Gärtner muss auch beim Schneiden darunter leiden. Liguster (Ligustrum vulgare 'Atrovirens'), Kirschlorbeer (Prunus laurocerasus) und Feuerdorn (Pyracantha coccinea) sind immergrün und können schon mal in strengen Wintern braun werden. Meist treiben sie im Frühjahr wieder aus. Da sollte man etwas Geduld haben.

Lebensbaum (Thuja), Scheinzypresse (Chamaecyparis lawsoniana), Baumzypresse (Cupressocyparis x leylandii) und Eibe (Taxus baccata) sind immergrüne Nadelgehölze, die sich für Heckenpflanzung eignen. Genaue Standortkenntnisse machen die Wahl der richtigen Hecke leichter.

Höhenlage/Tallage haben klimatische Besonderheiten, die bei der Planung des Gartens bedacht werden sollten. Kürzere Wachstumszeiten für Pflanzen, kühlere Temperaturen, starke Winde und Spätfröste sind besonders in Höhenlagen zu finden. In einer Tallage ist es häufig schattiger und feuchter.

Hortensien (Hydrangea) sind in den Regionen mit regelmäßig wiederkehrenden Spätfrösten die Sorgenkinder vieler Gartenliebhaber. Hortensien haben gerne viel Wasser, viele Nährstoffe und viel Wärme, aber keine pralle Sonne und keinen Spätfrost auf die gerade grün werdenden Knospen. Viele Sorten der Ballhortensien (Hydrangea macrophylla) blühen dann nur spärlich. Konsequenter Winterschutz ist eine Möglichkeit die Blühfreude zu erhöhen, oder man pflanzt die Rispenhortensien (Hydrangea paniculata Sorten) bzw. Schneeballhortensien (H.arborescens Sorten).

Immergrüne sind im Winter belaubt und verdunsten über die Blätter Wasser. Bei längeren Frostperioden können die Wurzeln das Laub nicht mehr mit Wasser versorgen. Sobald der Boden wieder aufgetaut ist, müssen die Pflanzen gegossen werden. Die Blätter werden später abgeworfen und treiben neu aus. Bei Triebschäden sollte im Frühjahr bis ins lebende Grün zurückgeschnitten werden.

Kamelien (Camellia japonica) sind erstaunlich robust und ich habe schon große regelmäßig blühende Exemplare in den höheren Eifelregionen gesehen. Sie wachsen dort natürlich in humosem, saurem Boden und in einem geschützten Kleinklima. Zwei Kameliensorten, die bis zu - 20 °C ohne größere Schäden aushalten, sind die tiefrosa 'Frost Prince' und die lavendelrosa 'Frost Princess'. Beide Sorten blühen schon im Spätherbst, so dass die Blüte gesichert ist. Freilandkamelien unbedingt im Frühjahr auspflanzen, ein gutes Einwurzeln macht frosthärter. Eine optimale Düngung, bei der besonders auf die ausreichende Kaliumversorgung geachtet werden muss, trägt auch dazu bei. Meine Kamelie hat schon ohne Winterschutz -15 °C ohne Schaden überstanden.

Kletterpflanzen sind zur Begrünung von Mauern, Zäunen, Balkonen und anderen Gerüsten geeignet. Es gibt selbstklimmende und welche, die eine Hilfe zum Klettern brauchen. Selbsthaften können wilder Wein (Parthenocissus), Efeu (Hedera) und Klettertrompete (Campsis). Die Wuchskraft der Kletterpflanze bestimmt die Stabilität der Kletter- bzw. Rankhilfe.

Klima/Kleinklima: Wir leben in einer gemäßigten Klimazone mit deutlichen, aber nicht extremen Jahreszeiten. Die Winter sind relativ milde und die Sommer nicht extrem heiß, die Niederschläge sind gleichmäßig über das ganze Jahr verteilt. Am Meer sind die Unterschiede im Jahresverlauf weniger stark als im Landesinneren. Gebirgsregionen und Tiefland unterscheiden sich vom Witterungsverlauf des Jahres. Das Kleinklima im Garten kann bis zu einem gewissen Grad verbessert werden. Hecken, Bäume und Strauchgruppen schützen vor Wind und Frost. Ein Teich und ein humusreicher Boden erhöhen die Luftfeuchtigkeit. Wärmespeichernde Steine können den Temperaturunterschied von Tag und Nacht teilweise ausgleichen.

Knollenpflanzen und Zwiebelpflanzen, die frostfrei überwintern, können in Töpfen vorgezogen werden. Später setzt man die Pflanzen mit oder ohne Topf in die Beete. Die ungeliebte Überraschung, welche Blütenfarben man mal wieder vertauscht hat, ist damit leichter zu korrigieren.

Kompost erhöht den Humusanteil des Bodens. Gartenabfälle werden mit Hilfe der Bodenlebewesen und der Mikroorganismen (Kompostierung) in den natürlichen Kreislauf zurückgeführt. Kompost enthält natürlichen Dünger, den die Pflanzen besonders schonend aufnehmen können. Wer Kompost aus einer zertifizierten Kompostierungsanlage kauft, bekommt dazu eine Liste mit Nährstoff- und Salzgehalt. Dieser Kompost enthält aufgrund der Heißrotte (über 70 Grad) keine Unkrautsamen, aber auch keine Bodenlebewesen.

Kräuter sind in allen Gartenbereichen einsetzbar. Wenn sie aber wichtig für die Küche sind, sollte bei jedem Wetter geerntet werden können. Also schnelle kurze und trockene Wege einplanen.

Laubbäume, besonders Rotbuche (Fagus sylvatica), Stieleiche (Quercus robur), Hainbuche (Carpinus betulus), Vogelkirsche (Prunus avium), Vogelbeere (Sorbus aucuparia) und Sandbirke (Betula pendula) sind heimische Bäume, die auch als Hausbaum gepflanzt werden können. Der Platzbedarf muss allerdings vorher geklärt sein. Sorten sind oft auf weniger starken Wuchs gezüchtet worden.

Magnolien (Magnolia), auch Tulpenbäume genannt, fallen mit ihren großen porzellanartigen Blüten im

Frühjahr auf. Noch vor den Blättern gehen die Blütenknospen auf, leider vertragen sie keinen Frost und werden sofort braun. In geschützter Lage ein wahres Blütenwunder. Die immergrüne Magnolie hat duftende weiße Blüten. Sie sollte möglichst klein und am geschützten Standort gepflanzt werden. Sie gewöhnt sich dann an raueres Klima. Gute nahrhafte Böden mögen alle Magnolien.

Mediterrane Pflanzen sind seit einigen Jahren in Mode. Schwere, zu Staunässe neigende Böden mögen sie gar nicht. Mit guter Bodenvorbereitung und einem geschützten Kleinklima wachsen sie auch in höheren Lagen. Frühjahrspflanzung und Winterschutz in den ersten Jahren sollten unbedingt eingehalten werden.

Moorbeetpflanzen wachsen in Teilen der Eifel von allein. Humose, saure Erde sind eine gute Voraussetzung für diese Pflanzengesellschaft. Kühle Sommer und milde Winter mit einer hohen Luftfeuchte sind ideal. Gute Kataloge geben Auskunft über Frosthärte der einzelnen Arten und Sorten.

Nadelgehölze sind leider etwas aus der Mode gekommen. Grüne, blaue und gelbe Nadeln sind im Winter im grauen Garten wirklich schön. Kiefern, Zedern und Tannen haben als einzelne Gehölze oft eine beeindruckende Wirkung.

Nutzpflanzen sind Kulturpflanzen, die als Nahrungsmittel für Menschen, als Viehfutter oder für technische Zwecke Verwendung finden. Man unterscheidet kultivierte und wild wachsende Nutzpflanzen.

Obstbäume sind oft in den Eifelgärten vertreten. Die Früchte vom eigenen Baum zu ernten und zu essen ist fast eine Urfreude des Menschen. Viele alte Sorten werden wieder neu gepflanzt. Wer dann seine Bäume regelmäßig pflegt, wird mit wohlschmeckenden Früchten belohnt. Beratung bei der Obstsortenwahl ist auf jeden Fall empfehlenswert.

Pfingstrosen/Bauernrosen sind häufig in den Bauerngärten vertreten. Diese prachtvolle Staude passt in jeden Garten.

Pflanzenschutz ist ein wichtiger Teil des erfolgreichen Gärtnerns. Das bedeutet nicht zwangsläufig den Einsatz von chemischen Pflanzenschutzmitteln, sondern die richtige Pflanze für den Standort auswählen, optimale Wachstumsbedingungen schaffen, widerstandsfähige Sorten auswählen, Nützlinge fördern. Unter Pflanzenschutz versteht man auch den Einsatz von vorbeugenden Maßnahmen oder aber auch kranke Pflanzen entfernen, abschneiden oder Schädlinge absammeln. Pflanzen stärken mit EM, Tees aus verschiedenen Kräutern oder homöopathischen Pflanzenbehandlungsmitteln halten die Pflanzen gesund. Wenn es dennoch nötig sein sollte, ein Spritzmittel zu benutzen, nur zugelassene Mittel nach Gebrauchsanweisung und Beratung anwenden.

Pflanzzeit ist vom Herbst bis zum Frühjahr. In dieser Zeit vertragen die Pflanzen das Umpflanzen am besten. Containerpflanzen können das ganze Jahr über gepflanzt werden.

Rasen braucht mehr Pflege als eine Wiese. Ich persönlich verbringe meine Zeit im Garten lieber mit anderem als Rasenpflege. Tipp: Machen Sie doch mal ein „Rasenseminar" mit.

Rhododendron gehören zu den Moorbeetpflanzen. Große Hecken wachsen in manch einem alten Garten im Münstereifler Höhengebiet. Es gibt duftende sommergrüne Pontische Azaleen (Rhododendron luteum) und Hybriden, die völlig winterhart und anspruchslos sind. Leider viel zu wenig bekannt.

Rosen wachsen eigentlich überall, es kommt nur auf die richtige Sorte an. Der Rosengarten der Familie Schlagloth aus Imgenbroich zeigt die ganze Vielfalt.

Sommerblumen für Balkonkästen und Rabatte sind

in jeder Region zu sehen. Robuste Pflanzen für ungünstige Standorte auswählen. Die robusten Ringelblumen, Kapuzinerkresse und Tagetes sind gut für das Bodenleben.

Sommerschnitt dient der Auslichtung und der Wachstumsberuhigung. Die Fruchtholzbildung der Obstbäume wird angeregt. Zeitpunkt: Von Ende Juli bis Mitte September.

Stauden dürfen in keinem Garten fehlen. Es wird ein riesiges Sortiment angeboten. Die mehrjährigen krautigen Pflanzen müssen regelmäßig geteilt und umgepflanzt werden, so bleiben sie schön und wüchsig. Viele Gartenleute geben gerne ihre überschüssigen Stauden ab. Aber auch auf Bauernmärkten und den Tauschbörsen der unterschiedlichen Gartenvereine kann man regionale Pflanzenschätze bekommen.

Steingartenpflanzen sind an einen speziellen Standort angepasste Pflanzen. Die Eifel mit Vulkan- und den verschiedenen Sedimentgesteinen bietet natürliche Lebensbedingungen für diese genügsamen Vertreter. Es ist nicht schwer, sich in der näheren Umgebung Steine zu besorgen für einen Steingarten oder eine Trockenmauer. Wer auf felsigem, steinigem Gelände wohnt, kann seine Standortbedingungen optimal nutzen. Leider strebt das Gärtnerherz oft nach ganz besonderen Pflanzen, deren Lebensbedingungen erst einmal mühsam geschaffen werden müssen. Erfolgreicher ist es, die Gegebenheiten des Standortes bei der Wahl der Pflanzen mit einzubeziehen.

Streuobstwiesen gab und gibt es in der ganzen Eifel eine Menge. Die Streuobstwiesenvereine, die Landschaftsverbände und der Naturschutz haben sich in den letzten Jahren vermehrt für den Erhalt eingesetzt. Diese alten Kulturflächen mit extensiv genutzten hochstämmigen Obstbäumen prägen das Landschaftsbild. Die Streuobstwiesen haben eine eigene Lebensgemeinschaft von Pflanzen und Tieren, die unbedingt schützenswert ist. Der Eifelverein bietet jedes Jahr am Maifeiertag eine Obstblütenwanderung an, die nicht nur das Auge des Wanderers erfreut, sondern auch Gelegenheit gibt, eine Menge über Obstbäume und Natur zu erfahren.

Unkraut gibt es in den Augen der Fachleute nicht. Störende Pflanzen heißen dann unerwünschtes Beikraut oder Konkurrenzbewuchs, aber auch Pflanzen der spontanen Begleitvegetation in Kulturpflanzenbeständen. Manchmal muss man nur die Einstellung und Sichtweise ändern und dasselbe Kraut hat einen anderen Namen.

Veredeln ist auch eine Vermehrungsart. Rosensorten, Obstsorten und besondere Formen von Ziergehölzen werden meist auf diese Art vermehrt. Mit einem scharfen Messer werden die Edelreiser auf die so genannte Unterlage veredelt. Bei Tomaten und Gurken gibt es auch veredelte Pflanzen.

Vermehrungsarten: Aussaat, Steckling, Ableger, Steckholz, Wurzelausläufer, und Teilung sind die einfachen Möglichkeiten, aus einer Pflanze mehrere Pflanzen zu machen.

Wildpflanzen sind an ihrem natürlichen Standort am schönsten. Dort sollen sie auch bleiben! Es gibt genügend Gärtnereien, die Wildpflanzen zum Kauf anbieten.

Winterschnitt dient der Gesunderhaltung und Wüchsigkeit der Gehölze. Er dient nicht dazu, den Strauch oder Baum klein zu halten. Zeitpunkt: Von Ende Oktober bis Anfang April.

Zierpflanzen sind Pflanzen, die vom Menschen zur Erbauung kultiviert werden. Zierpflanzenkulturen werden von Gärtnern der Fachrichtung Zierpflanzen (blühende Topfpflanzen, Blatt- und Grünpflanzen, Schnittblumen, Beet- und Balkonpflanzen), Baumschule (Zierbäume und -sträucher) sowie Stauden produziert. Sie kommen meist aus fremden Ländern und werden in ihrem Heimatland manchmal eher wie Unkraut angesehen. Also ist die Klassifizierung von Unkraut, Zier- oder Nutzpflanze meiner Meinung nach ziemlich unsinnig. Eine Nutzpflanze kann für mich eine Zierde im Garten sein. Also hat sie für mich auch einen Nutzen. Kartoffeln wurden zuerst wegen ihrer schönen Blüte kultiviert, damals wäre hier keiner auf die Idee gekommen, die Knolle zu essen! Unkraut hat bei uns einen festen Platz im Garten und dort wächst es zu unserer Erbauung!

Jahresarbeitskalender

Januar

Boden und Pflanzung: Gute Bodenvorbereitung ist für die erfolgreiche Pflanzung wurzelnackter Gehölze wichtig. Nasse, schwere Böden verdichten sehr schnell und erschweren das Anwachsen.

Kompostecke aufräumen und Haufen umsetzen, alles gut mischen. Den fertigen Kompost für Saatbeete sieben und verteilen.

Gehölzpflege: Winterschnitt von Bäumen und Sträuchern ist auch bei Temperaturen um den Gefrierpunkt möglich.

Bäume und Sträucher von zu starker Schneelast befreien, Astbruch und Triebschäden werden dadurch verhindert.

Die Kübel bei Pflanzen, die draußen bleiben, mit Luftpolsterfolie oder Styropor isolieren. Bei sehr niedrigen Temperaturen auch die Pflanzen mit Vlies oder Matten schützen.

Vermehrung: Veredlungsreiser und Steckholzmaterial von Ziergehölzen schneiden, aufrecht in Sand frostfrei einlagern oder im Kühlschrank in feuchtes Zeitungspapier und in Frischhaltefolie gewickelt aufbewahren.

Teich: Gartenteichpflanzen lassen sich problemlos bei zugefrorenem Teich zurückschneiden.

Zugeschneite Teiche abfegen, dann kommt wieder Licht in den Teich.

Eisfreihalter oder kleine Löcher vom Eis freihalten. Keine Löcher in die Eisdecke schlagen, Fische vertragen den Schall nicht und könnten dadurch verenden.

Gemüsegarten

Aussaat: Bärlauch (Allium ursinum) und Löffelkraut (Cochlearia officinalis) können noch ausgesät werden. Die Samen benötigen niedrige Temperaturen, damit sie keimen.

Frostschutz: Feldsalat mit Vlies abdecken, damit er nicht gelb wird.

Gemüse aus Folientunnel ernten. Frühbeete mit Noppenfolie vor Frost schützen.

Ernte: Rosenkohl und Grünkohl ernten.

Ernte von Wintergemüse wie Lauch, Endivien und Feldsalat und Topinamburknollen.

Lagerung: Gemüselager und Wintereinschlag auf Mäuse und faules Gemüse kontrollieren.

Obstgarten bei frostfreiem Wetter

Pflanzung: Wurzelnackte Obstgehölze können bei

offenem Boden gepflanzt werden, die Veredlungsstelle soll 10-15 cm über der Erde bleiben! Pfahl nicht vergessen; schwach wachsende Bäume brauchen ihr Leben lang einen Pfahl!

Pflege: Anbindungen kontrollieren, gegebenenfalls entfernen (Einwachsgefahr) und erneuern. Laub abharken und liegen gebliebenes Obst absammeln; Baumscheiben frei halten. Aufbringen von Kompost auf Baumscheiben und unter Beerensträucher. Anstrich mit Kalk oder mit anderen Baumanstrichen; alte Stämme vorher mit Drahtbürste von loser Rinde befreien. Wühlmäuse bekämpfen.

Winterschnitt an Kernobst (Apfel und Birne) und Rebstöcken vornehmen.

Vermehrung: Schnitt von Reisern und Steckholzmaterial; Lagerung im Sand oder Kühlschrank, dabei auf Verdunstungsschutz achten. Sorten immer kennzeichnen!

Niederlegen von Fruchthaselnüssen zur Gewinnung neuer Pflanzen.

Pflanzenschutz: Es ist immer noch möglich, Leimringe anzulegen.

Lagerung: Gelagertes Obst muss regelmäßig auf faule Früchte kontrolliert werden. Wenn man diese nicht entfernt, stecken sie die anderen mit der Fäule an.

Februar

Ziergarten

Bei frostfreiem Wetter ist es auch noch möglich, alle Arbeiten, die im Dezember und Januar liegen geblieben sind, vorzunehmen.

Bei Umgestaltung und Neuanlage von Beeten ist eine Bodenanalyse oft sinnvoll, vor allem bei anspruchsvollen Kulturen und Pflanzengesellschaften (Moorbeet, Alpinum, Orchideen) mit besonderen Bodenansprüchen. Im Gartencenter sind entsprechende Analysepräparate erhältlich. Auch die Landwirtschaftskammer bietet im Rahmen der Lufa Bodenuntersuchungen für den Hausgarten an.

Aussaat von vorbereiteten Stauden ins Gewächshaus, ins Frühbeet und auf die Fensterbank sowie Sommerblumen, die eine längere Vorkultur brauchen (Spinnenblume, Pantoffelblume, Kaisernelke, Vanilleblume, Ziersalbei).

Rückschnitt der im Spätsommer blühenden Ziersträucher (Sommerflieder, Bartblume, Clematis-Arten). Auslichtungs- und Verjüngungsschnitt bei Ziersträuchern (z.B. Forsythie, Weigelie, Hartriegel).

Pflanzenschutz: Für Sitka-Fichtenlaus Befallskontrolle weißes Papier unter die Zweige halten und klopfen. Bei Befall sind Läuse und vermehrt gelbe Nadeln zusehen. Spritzung im Spätwinter mit Rapsölpräparaten oder im Frühjahr mit Pyrethrum-Mitteln. Lassen Sie sich immer vom Fachbetrieb beraten! Abbürsten der Baumstämme verringert im Frühjahr den Befall mit Frostspannerraupen.

Gemüsegarten

Anbauplanung: Kulturplan für die Beete festlegen. Gewächshäuser und Aussaatflächen vorbereiten.

Aussaat: Keimprobe bei älterem Saatgut durchführen. Dafür eine Keimschale (sonst für Sprossen) mit einer Samenprobe (10 Stück oder bei sehr feinem Samen auch mehr) bestücken, feucht halten und ans Fenster stellen. Die ersten Samen für Jungpflanzen unter Glas oder auf der Fensterbank aussäen: Endivien, Blumenkohl, Kohlrabi, Puffbohnen, Paprika, To-

maten, Auberginen. Kopf- und Pflücksalat, Kohlrabi, Radieschen direkt in Beete im Gewächshaus kultivieren. Spinat und Gartenkresse unmittelbar ins Freiland säen.

Verfrühung: Durch Bodenerwärmung können die Kulturen früher gepflanzt und geerntet werden. Dafür Folien und Vliese auf die Beete legen und gegen Sturm sicher befestigen.

Kartoffeln: Vorkeimung von Frühkartoffeln: hell, aber ohne direkte Sonne bei 10- 15 Grad.

Ernte von Rosenkohl und Grünkohl, erster Pflücksalat , Stielmus und Feldsalat.

Obstgarten bei frostfreiem Wetter:

Pflanzung wurzelnackter Obstgehölze, die Veredlungsstelle muss 10-15 cm über der Erde bleiben! Pfahl nicht vergessen, schwach wachsende Bäume brauchen ihr Leben lang einen Pfahl!

Winterschnitt an Kernobst, Beerenobst und Weinspalieren.

Obstbaumpflege: Der Kalkanstrich der Stämme ist jetzt besonders wichtig, da große Temperaturunterschiede die gefürchteten Frostrisse hervorrufen können. Den Obstgarten sauber halten, d.h. Fruchtmumien entfernen, kranke Pflanzenteile abschneiden, Laub abharken.

Pflanzenschutz: Winter- bzw. Austriebsspritzung mit parafin- oder rapsölhaltigen Präparaten bei Befall mit Birnenpockenmilben und Blut- und Schmierläusen im vergangenen Jahr. Leimringe erneuern oder mit Leim neu bestreichen, da Frostspanner immer noch Eier legen. Kräuselkrankheit bei Pfirsichen, wird beim Knospenschwellen infiziert. Einsatz von Pflanzenstärkungsmitteln wie EM (Effektive Mikroorganismen) und Neudo-Vital Obst-Pilzschutz (Neudorf). Auch eine vorübergehende Abdeckung mit Folie kann eine Infektion mindern. Auffallend verdickte Knospen an Johannisbeeren sind mit Gallmilben befallen und sollten weggeschnitten werden. Stachelbeermehltau überwintert in den Triebspitzen, ca. 5 cm die Triebenden einkürzen und befallene Sträucher sind im kommenden Jahr deutlich gesünder.

März

Ziergarten

Aussaat von Sommerblumen und Stauden ins Freiland und Vorkultur auf der Fensterbank für sehr empfindliche Pflanzen.

Pflanzzeit für alle Ziersträucher, Rosen, Stauden und Bäume. Knollenpflanzen, die frostfrei überwintert werden, können jetzt in Töpfen vorkultiviert werden. Wer nur einen Teil vorzieht, verlängert die Blüte von Dahlien und Gladiolen.

Winterschutz entfernen, aber noch für Spätfröste bereithalten, Mulchdecken entfernen und kompostieren oder einarbeiten.

Rückschnitt der Stauden und Gräser, je empfindlicher desto später zurückschneiden, um jungen Austrieb zu schützen. Rückschnitt an Rispenhortensie und Schneeballhortensie. Sie blühen an den diesjährigen Trieben genauso wie Sommerflieder und Bartblume. Beetrosen, Bodendeckerrosen und Edelrosen auf 3-5 Augen (Knospen) zurückschneiden. Kletterrosen und Strauchrosen auslichten.

Pflege: Boden lockern, mit Kompost oder organischem Dünger düngen. Rasen vertikutieren und mit Bodenaktivator behandeln. Eine dünne Kompostschicht belebt alte und stark strapazierte Rasenflächen. Unebenheiten auffüllen und nachsäen.

Kübelpflanzen zurückschneiden, wenn nötig umtopfen und regelmäßig gießen und düngen. Kübelpflanzen wieder nach draußen stellen. Bei warmen

Temperaturen langsam an die Terrasse gewöhnen, erst in den Schatten stellen und bei kalten Nachttemperaturen schützen.
Teich: abgestorbene Pflanzenteile entfernen, große Rhizome der Seerosen teilen und wieder in Pflanzkörbe setzen. Der Einsatz von Pflanzkörben erleichtert die Pflege des Teiches. Zur Säuberung werden die Körbe samt den Pflanzen aus dem Teich genommen, nach Bedarf geteilt und anschließend wieder eingesetzt. Die Teichtechnik auf einwandfreie Funktion kontrollieren. Pumpen und Schläuche auf Dichtigkeit prüfen. Teichfische werden bei zunehmender Erwärmung des Wassers wieder aktiver. Wasserqualität und die Gesundheit der Tiere regelmäßig überwachen und notfalls behandeln.
Pflanzenschutz: Fichten auf Befall mit Läusen kontrollieren. Die ersten Raupen des Frostspanners absammeln, bei starkem Befall mit einem Raupenspritzmittel (Bacillus thuringensis) behandeln. Pflanzenstärkung mit EM (Effektiven Mikroorganismen). Einarbeitung von Bodenaktivator. Kränkelnde Pflanzen mit Biplanthol (homöopathisches Mittel für Pflanzen) behandeln. Auch Schachtelhalmbrühe und Wermutauszug wirken pflanzenstärkend.

Gemüsegarten

Vorbereitung der Beete für Pflanzung und Aussaat.
Aussaat unter Glas oder Folie: alle Salatarten, alle Kohlarten, Rote Beete, Mairüben, Radieschen, Rettich, Lauch, Tomaten, Paprika, Auberginen, Knollenfenchel.
Aussaat ins Freiland: Spinat, Erbsen, Puffbohnen, Feldsalat, Gartenkresse, Rukola.
Lüften und Schattierung: Frühbeet, Gewächshaus und Folientunnel.
Pflanzung: Steckzwiebeln, Frühkartoffeln unter Vliesabdeckung je nach Kleinklima.

Obstgarten

Düngung mit Kompost, organischen Düngern, Aufbringen auf die Baumscheiben.
Schnitt: Kernobst und Beerensträucher können noch verjüngt werden. Pflanz- und Erziehungsschnitt an Neupflanzungen und jungen Bäumen.
Anbindung der Beerenobststämmchen und der schwach wachsenden Obstbäume kontrollieren. Lockere, morsche Pfähle erneuern, zu feste Anbindungen lockern oder neu binden.
Pflanzung: Neupflanzungen von Aprikose gegen Vertrocknen schützen (Lehmanstrich, Stamm mit Jute oder Vlies umwickeln), Rückschnitt erst nach den Spätfrösten oder erst im August/September schneiden.
Veredelung im Freiland, umveredeln und zusätzlich Sorten in Obstbäume hinein veredeln.
Pflanzenschutz: Winter- bzw. Austriebsspritzung mit raps- oder mineralölhaltigen Präparaten verhindert den Befall mit Birnenpockenmilben und Blut- und Schmierläusen. Leimringe entfernen und die Baumrinde pflegen. Ameisen laufen schon im Austrieb in die Bäume und kultivieren Blattläuse, ein neuer kleiner Leimring unterhalb der Krone hält sie davon ab. Frühzeitig Läuse behandeln. Frostspannerraupen fressen schon zeitig in Blüten- und Blattknospen. Raupen absammeln oder mit speziellem Spritzmittel behandeln.

April

Ziergarten

Aussaat von Sommerblumen direkt an den endgültigen Standort. Auch Sommerblumenmischungen für Blumenwiesen werden jetzt ausgesät.
Pflanzzeit für alle wurzelnackten Ziersträucher, Rosen und Bäume ist bis ungefähr Mitte April noch ohne große Anwachsverluste möglich. Extrem ausge-

triebene Pflanzen sollten stark zurück geschnitten und gut angegossen werden. Beetflächen, die erst später bepflanzt werden, mit Gründünger einsäen oder mulchen. Dahlien und Gladiolen pflanzen, nur gesunde Knollen nehmen.

Winterschutz sollte jetzt endgültig entfernt werden, damit die neuen Triebe nicht im Wachstum behindert werden und später sogar abbrechen. Aber für empfindliche Pflanzen ein leichtes Frostschutzvlies bereithalten. Hortensien, Magnolienblüte, Kamelien und Tränendes Herz sind besonders empfindlich.

Rosen werden jetzt gedüngt. Dafür gibt es spezielle Rosendünger. Organische Dünger wirken gleichmäßiger und langsamer als mineralische Dünger (Kunstdünger). Wer seine Rosen noch nicht zurück geschnitten hat, kann es jetzt noch tun. Rosen mit wenigen Trieben unbedingt pinzieren (entspitzen), um eine Verzweigung anzuregen. Rose bei Befall mit Läusen behandeln, dazu nützlingsschonende Mittel verwenden. Die Nützlinge entwickeln sich langsamer (2-3 Wochen) und können dann die Blattlausvertilgung übernehmen.

Rasen ab 8 cm Höhe mähen. Falls noch nicht geschehen, Rasen düngen und bei Moos vertikutieren. PH-Wert testen; unter dem Wert 6 den Rasen kalken. Kahle Rasenstellen entweder komplett erneuern oder nachsäen.

Kübelpflanzen sind jetzt fast alle nach draußen gestellt; dennoch bei Frost schützen. Schädlinge können die aus dem Haus kommenden Pflanzen leicht befallen. Besonders Blattläuse, Schildläuse und erste Raupen lieben frisches Grün. Nicht abgehärtete frisch gewachsene Triebe werden oft von Pilzen befallen. Als gute Alternative zur Behandlung mit Pflanzenschutzmitteln gilt ein starker Rückschnitt. Dazu gehört eine ausgewogene und richtige Düngung, damit die Kübelpflanzen widerstandsfähig gegen Krankheiten und Schädlingsbefall bleiben. Spezielle Kübelpflanzendünger sind im Handel erhältlich.

Stauden können geteilt und verpflanzt werden. Herbstblühende Stauden und Gräser vertragen die Teilung im Frühjahr besser. Immergrüne Stauden am besten jetzt zurückschneiden. Bei Neupflanzung von Stauden auf genügend Platz für das Wachstum achten; vorher Boden lockern und von Unkraut befreien.

Gießen ist bei Neupflanzungen und Aussaaten unbedingt erforderlich. Die Bodenfeuchte lässt sich mit Bodenfeuchtemessern (Tensiometer) kontrollieren oder einfach den Finger in die Erde stecken und fühlen. Bei längeren Trockenperioden ist richtiges Gießen für die Pflanzen besonders wichtig.

Teich: Neuanlage von Teichen ist jetzt ideal. Die eingesetzten Pflanzen und Tiere können sich im Laufe des Jahres im neuen Teich eingewöhnen und gehen dann gut akklimatisiert in die Winterzeit.

Pflanzenschutz: Junge Triebe auf Läuse und Raupen kontrollieren. Schädlinge absammeln oder bekämpfen. Lilienhähnchen (roter Käfer frisst an frischen Lilienblättern) ebenfalls absammeln. Netze und Vliese können Vogelfraß verhindern.

Gemüsegarten

Lüften und Schattierung: Frühbeet, Gewächshaus und Folientunnel.

Aussaat unter Folie: alle Salatarten, Blumenkohl, Kohlrabi, Bleichsellerie, Knollenfenchel.

Aussaat unter Glas: Sellerie, Tomaten, Paprika, Auberginen, Gurken, Zucchini, Bohnen, Brokkoli.

Aussaat ins Freiland: Spinat, Erbsen, Puffbohnen, Rettich, Radieschen, Zwiebeln, Lauch, Mangold, Möhren, Kohl und Gewürzpflanzen.

Pflanzung von Steckzwiebeln, falls diese noch nicht im März gesteckt worden sind sowie vorgekeimte Frühkartoffeln. Saatkartoffeln vorkeimen: hell ohne direkte Sonne und nicht zu warm (10-15 °C) stellen.

Obstgarten

Pflanzzeit: Wurzelnackte Obstbäume vor dem Pflanzen eine Nacht in Wasser stellen, schon austreibende Bäume und Sträucher sehr sorgfältig zurückschneiden und aufpassen, dass austreibende Knospen erhalten bleiben. Bei Beschädigung auf die nächste intakte Knospe bzw. Austrieb schneiden. Gut angießen.
Erdbeeren können neu gepflanzt werden.
Schnitt: Pflanz- und Erziehungsschnitt an Neupflanzungen und jungen Bäumen. Später Rückschnitt Ende April bis in den Mai bremst bei stark wachsenden Bäumen etwas das Wachstum. Nachschnitt im Sommer durchführen!
Pflanzenschutz: Wurzelnackte Bäume wie Aprikose oder Pfirsich bei Neupflanzungen gegen Vertrocknen schützen (Lehmanstrich, Stamm mit Jute oder Vlies umwickeln), Rückschnitt erst nach den Spätfrösten. Ein Dach aus Folie verringert den Befall mit der Kräuselkrankeit (Taphrina deformans). Auf Schädlingsbefall kontrollieren: Raupen, Spinnmilben, Blutläuse und Blattläuse. Zur Vertreibung und Verwirrung der Schädlinge kann die Pflanzung von Kräutern und Gewürzen helfen. Wühlmäuse haben jetzt richtig Appetit auf junge Wurzeln. Baumscheiben freihalten, hacken und harken. Bei Befall vertreiben oder bekämpfen. Vorbeugend Neupflanzungen in einen Drahtkorb aus engmaschigem unverzinktem Draht pflanzen. Damit sind die neuen Wurzeln in den ersten Jahren geschützt. Winter- bzw. Austriebsspritzung bei Befall mit Birnenpockenmilben sowie Blut- und Schmierläusen nur durchführen, solange die Bäume noch keine Blätter haben. Leimringe entfernen und die Baumrinde pflegen. Ameisen laufen schon im Austrieb in die Bäume und kultivieren Blattläuse; ein neuer kleiner Leimring unterhalb der Krone hält sie davon ab. Frühzeitig Läuse behandeln.

Mai

Ziergarten

Aussaat von zweijährigen Pflanzen.
Pflanzung von Sommerblumen, Knollen- und Zwiebelgewächsen und mediterranen Pflanzen.
Rückschnitt von verblühten Pflanzen und Sträuchern, die am einjährigen Trieb (Mandelbäumchen, Zierpfirsich, Kätzchenweide) geblüht haben.
Zwiebelpflanzen einziehen lassen (im Rasen, aufs Mähen verzichten).
Auslichtung der Sträucher (Forsythien, Zierquitten), die am zweijährigen Trieb geblüht haben.
Pflege: Kletterpflanzen hochbinden und Kletterhilfen geben. Rosen zur besseren Verzweigung pinzieren (entspitzen). Junge Triebe der Kletterrosen vorsichtig anbinden. Rasen düngen und regelmäßig mähen. Nachsäen von kahlen Stellen ist noch möglich.
Neuanlage von Rasen, Teichen und Blumenwiesen ist jetzt ideal.

Gemüsegarten

Aussaat der wärmeliebenden Kulturen unter Glas.
Aussaat ins Freiland: Salat, Bohnen, Möhren, Mangold, Radieschen, Rettich, Schwarzwurzeln, Grünkohl, Brokkoli, Chicoree.
Pflanzung nach den Eisheiligen: Tomaten, Paprika, Zucchini, Gurken, Kohl, Bohnen.
Ernte: Salat, Radieschen, Rettich, Kohlrabi, Rhabarber, Kräutern, Waldmeister.
Pflanzenschutz: Mischkultur macht es den Schädlingen schwieriger, ihre Wirtspflanzen zu befallen. Schnecken, Läuse, Käfer und Raupen absammeln.

Obstgarten

Mulchen zwischen den Reihen mit Stroh schützt die Erdbeerfrüchte vor Grauschimmel und Pilzbefall.
Schnitt Ende April bis in den Mai, bremst bei stark wachsenden Bäumen etwas das Wachstum. Nachschnitt im Sommer durchführen!
Gießen der frisch gepflanzten Bäume und Sträucher nicht vergessen!
Pflanzenschutz: Schädlingsbefall kontrollieren. Raupen, Spinnmilben, Blutläuse, Blattläuse, Kirschfruchtfliege, Knospenwickler bekämpfen. Pilzbefall vorbeugen.

Juni

Ziergarten

Vermehrung: Stecklinge von Stauden und Ziersträuchern schneiden.
Stützen verhindern das Umfallen von hohen Stauden (Rittersporn, Päonien, Lilien, u.a.).
Teich: Teichpflanzen für alle Wasserzonen können gepflanzt werden.
Rückschnitt der abgeblühten Stauden fördert teilweise eine Nachblüte (Rittersporn).
Nachdüngung von Rosen und Kübelpflanzen.
Kletterpflanzen hochbinden und Kletterhilfen geben.
Rasen regelmäßig mähen und wenn nötig gießen.
Heckenschnitt sollte nur erfolgen, wenn kein Vogel mehr in ihr brütet.
Neuanlage von Rasen, Teichen und Blumenwiesen ist jetzt ideal.
Pflanzenschutz: Kontrolle auf Pilz- und Schädlingsbefall. Rhododendron-Zikaden und Rhodendron-Hautwanzen sind bei langer Trockenheit besonders aktiv.

Gemüsegarten

Aussaat ins Freiland: Salat, Bohnen, Möhren, Mangold, Radieschen, Rettich, Schwarzwurzeln, Grünkohl, Brokkoli, Chicoree.
Pflanzung von Tomaten, Paprika, Zucchini, Gurken, Kohl, Bohnen
Tomaten regelmäßig ausgeizen, d.h. Triebe, die neu aus den Blattachsen treiben, ausbrechen.
Ernte von Salat, Radieschen, Rettich, Kohlrabi, Rhabarber, Kräutern, Waldmeister.

Obstgarten

Ausdünnung: Fruchtbehang an Pfirsich, Äpfeln und Birnen ausdünnen.
Himbeeren auslichten auf 10 bis 12 starke Ruten pro Meter.
Gießen der frisch gepflanzten Bäume und Sträucher nicht vergessen!
Trockenperioden im Juni veranlassen die Obstbäume, frisch angesetzte Früchte abzuwerfen, falls erforderlich deshalb unbedingt gießen!
Pflanzenschutz: Schädlingsbefall kontrollieren. Spitzendürre an Zweigen bis ins gesunde Holz zurückschneiden. Pilzbefall an Apfel- und Birnenblättern kontrollieren. Bei Schorf und Mehltaubefall im Vorjahr mit Pflanzenstärkungsmitteln behandeln.
Ernte von Erdbeeren und Kirschen.

Juli

Ziergarten

Vermehrung: Aussaat, Teilung der Bartiris, Stecklinge schneiden.
Bodenbearbeitung: Unkraut zwischen Pflanzungen vorsichtig jäten. Offenen Boden mulchen oder neu einsäen; wieder bepflanzen. Lockern reduziert die Verdunstung und stört auflaufende Unkrautsamen.
Gießen: Viele Pflanzen vertragen angewärmtes Wasser besser. Besonders Sommerblumen stocken in ihrem Wachstum, wenn sie mit kaltem Wasser gegossen werden.
Stützen helfen hohen herbstblühenden Stauden nicht auseinander zu fallen.
Rückschnitt der abgeblühten Stauden und Rosen.
Kletterpflanzen hochbinden und Kletterhilfen geben.
Rasen regelmäßig mähen und wenn nötig gießen.
Neuanlage von Rasen, Teichen und Blumenwiesen ist jetzt ideal.

Pflanzenschutz: Lilienhähnchen sollten unbedingt abgesammelt werden. Pilzerkrankungen sollten an allen Pflanzen, besonders an Rosen, behandelt werden.

Gemüsegarten

Aussaat ins Freiland: Salat, Spinat, Mangold, Radieschen, Rote Beete, Bohnen, Chinakohl.
Pflanzung von Kohlrabi und Blumenkohl.
Tomaten regelmäßig ausgeizen, d.h. Triebe, die neu aus den Blattachsen treiben, ausbrechen.
Ernte von Salat, Radieschen, Rettich, Kohlrabi, erste Möhren, Zuckererbsen.
Pflanzenschutz: Schnecken absammeln und mit Schneckenzaun Kulturen schützen. Läuse, Käfer und Raupen absammeln oder mit biologischen Spritzmitteln behandeln.

Obstgarten

Pflanzung: Erdbeeren neu setzen.
Schnitt: Fruchtbehang ausdünnen, Kirschenbäume können nach oder auch zur Ernte ausgelichtet und geschnitten werden. Abgeerntete Himbeerruten abschneiden.
Gießen der frisch gepflanzten Bäume und Sträucher nicht vergessen!
Pflanzenschutz: Schädlingsbefall kontrollieren. Blattfallkrankheit an den Johannisbeeren behandeln. Gegen den Pilz widerstandsfähige Sorten pflanzen.

Pilzbefallkontrolle
Ernte von Erdbeeren und Kirschen.

August

Ziergarten

Aussaat: Der August ist der letzte Monat für die der Zweijährigen, bei starker Sonne schattieren oder ein schattigeres Aussaatbeet wählen.
Vermehrung: Stecklinge und Teilung.
Pflanzung von herbstblühenden Zwiebelgewächsen (Herbstzeitlose, Herbstkrokus).
Gießen: Viele Pflanzen vertragen angewärmtes Wasser besser.
Pflege: Kletterhilfen und Stützen geben Pflanzen Halt, regelmäßig an- und aufbinden.
Rasen regelmäßig mähen und wenn nötig gießen.
Sommerschnitt/Rückschnitt an Zierbäumen und Sträuchern; Hecken und Rosen nach der ersten Blüte, Rückschnitt verblühter Stauden fördert Nachblüte; Teichpflanzen.
Düngung: Rasen
Pflanzenschutz: Pilzerkrankungen sollten an allen Pflanzen, besonders an Rosen, behandelt werden. Clematiswelke Pflanzen ganz zurückschneiden. Ein Pflanzenstärkungsmittel und eine leichte Kalkung machen die Pflanzen widerstandsfähiger. Thripse treten bei anhaltender trockener Witterung vermehrt an Rosen, Sommerblumen, Kübelpflanzen und Zwiebelblumen auf. Sie saugen an den Blattunterseiten und fliegen gerne auf blaue Leimtafeln.

Gemüsegarten

Aussaat ins Freiland: Salat, Spinat, Mangold, Radieschen, Rote Beete, Bohnen, Chinakohl.
Pflanzung von Kohlrabi, Blumenkohl, Wirsing, Winterporree und Eissalat
Pflege: Tomaten und Schlangengurken regelmäßig ausgeizen, d.h. Triebe, die neu aus den Blattachsen treiben, ausbrechen. Gurken, Melonen, Auberginen entspitzen.
Ernte von Salat, Radieschen, Rettich, Kohlrabi, erste Möhren, Zuckererbsen. Frühkartoffeln gut abtrocknen lassen, kühl und dunkel lagern.
Pflanzenschutz: Kohlhernie, der Pilz gefährdet viele Kohlarten; regelmäßiges Kalken und Mischkulturanbau verringern den Befall. Läuse, Käfer und Raupen absammeln, mechanisch bekämpfen oder mit biologischen Spritzmitteln behandeln. Kohlweißling und Kohleule legen ihre Eier ab; Netze helfen ohne Chemieeinsatz.

Obstgarten

Pflanzung: Erdbeeren können auch im August noch neu gesetzt werden.
Pflege: Fruchtbehang an Pfirsich, Äpfeln und Birnen ausdünnen, stark behangene Äste stützen.
Sommerschnitt nach der Ernte an Pfirsich, Sauerkirschen und an allen stark wachsenden Obstbäumen. Spät tragende Kirschenbäume können nach oder auch zur Ernte ausgelichtet und geschnitten werden.
Gießen: Trockenperioden wirken sich auch im August negativ auf Qualität und Menge der Früchte aus, deshalb gießen bei Bedarf.
Ernte der ersten Äpfel, Birnen und Frühzwetschgen

und Sauerkirschen.

Pflanzenschutz: Schädlingsbefall kontrollieren. Raupen, Spinnmilben, Blutläuse und Blattläuse bekämpfen. Zur Vertreibung und Verwirrung der Schädlinge kann die Pflanzung von Kräutern und Gewürzen helfen. Blattfallkrankheit an den Johannisbeeren behandeln. Befallene Blätter absammeln, Pflanzenstärkung. Gegen den Pilz widerstandsfähige Sorten pflanzen. Pilzbefall an Apfel- und Birnenblättern kontrollieren. Bei Schorf und Mehltaubefall im Vorjahr mit Pflanzenstärkungsmitteln behandeln.

September

Ziergarten

Pflanzung: Zwiebelgewächse (Herbstzeitlose, Herbstkrokus), die im Herbst blühen, können ab jetzt gepflanzt werden. Zwiebelgewächse (Schneeglöckchen, Winterlinge, Krokusse), die im Frühjahr blühen, entwickeln sich besonders gut, wenn sie schon in diesem Monat in die Erde kommen. Die selbst ausgesäten Zweijährigen (Stiefmütterchen, Vergissmeinnicht, Goldlack) sind jetzt so groß, dass sie ausgepflanzt werden können.

Vermehrung: Teilung aller im Frühjahr blühenden Stauden möglich.

Pflege: Unkraut zwischen Pflanzungen vorsichtig jäten. Offenen Boden mulchen oder neu einsäen, wieder bepflanzen oder mit Gründünger einsäen. Haltung bewahren Herbst- und Winterastern sowie andere hohe herbstblühende Stauden, wenn man sie rechtzeitig stützt.

Überwinterung: Sommerblumen, Balkon- und Kübelpflanzen, die überwintert werden, nicht mehr düngen! Verblühtes und kranke Triebe entfernen. Nur gesunde Pflanzen überwintern!

Rasen regelmäßig mähen, düngen und wenn nötig gießen.

Teich: Pflanzenbestand im Teich lichten und Fischfütterung reduzieren. Filter und Pumpen reinigen und ab Ende des Monats gegen Frost sichern.

Sommerschnitt/Rückschnitt: Robuste Gräser und Stauden, die keinen Schutz im Winter benötigen, werden zurückgeschnitten. Verblühte Rosenblüten und kranke Triebe entfernen. Bäume und Sträucher können jetzt in der Größe verkleinert werden. Schnitt von sommergrünen und immergrünen Hecken sollte nur erfolgen, wenn kein Vogel mehr in ihnen brütet.

Gießen: Zum besseren Ausreifen (Frosthärte) der Pflanzen das Gießen reduzieren.

Kennzeichnen: Dahlien und andere Knollenpflanzen, solange sie blühen, mit Etiketten markieren. So können sie im kommenden Frühjahr, nach Farbe und Wuchshöhe richtig kombiniert, gesetzt werden.

Neuanlage von Rasenflächen und Vorbereitung neuer Pflanzflächen. Bei der Neuanlage von Teichen mit der Bepflanzung bis zum Frühjahr warten. Sauberkeit im Teich hält die Teichbewohner gesund. Kranke und verwelkte Teichpflanzen regelmäßig entfernen.

Pflanzenschutz: Blattwerk, das jetzt Verfärbungen und Pilzbefall zeigt, braucht nicht mit Pflanzenschutzmitteln behandelt zu werden. Kranke Blätter und Pflanzenteile nicht unbedingt zum Mulchen gebrauchen, sondern gesondert kompostieren (mit Kalkstickstoff oder EM behandeln) oder in die Biotonne werfen.

Gemüsegarten

Aussaat ins Freiland: Salat, Mangold, Radieschen, Rote Beete, Bohnen, Chinakohl, Spinat und Feldsalat sind als Folgekulturen besonders geeignet. Brachflächen mit Gründünger einsäen. Feine Samen (wie z. B. Phacelia) im Verhältnis 1:1 mit Sand mischen.
Ernte für die Ausreife: Tomaten mit Folienhauben schützen, das Reifen der Früchte wird damit gefördert. Wärmeliebende Gemüsesorten (Paprika, Auberginen, Chili, Zucchini) nachts mit Vlies schützen. Tiefe Nachttemperaturen werden dadurch abgemildert. Die Pflanzen bekommen keinen Kälteschock und kein Wachstumsstocken und reifen weiter aus.
Pflege: Tomatenblüten und neue Triebe entfernen. Bei trockener Witterung sind geerntete Frühkartoffeln länger lagerfähig und der Boden wird nicht so stark verdichtet.
Gießen: Bei Bedarf gießen, besonders Knollensellerie braucht Wasser für gut entwickelte Knollen.
Pflanzung von Kohlrabi, Blumenkohl, Wirsing, Winterporree.
Vermehrung: Teilung von Kräuterstauden, Rhabarber teilen und neu pflanzen.
Planung von Hoch- und Hügelbeeten. Fruchtfolge für das kommende Jahr festlegen.
Kompost: Kompostieren der Pflanzenabfälle und Anlage neuer Kompostmieten.
Pflanzenschutz: Kohlhernie, der Pilz gefährdet viele Kohlarten; regelmäßiges Kalken und Mischkulturanbau verringern den Befall.

Obstgarten

Kalt gepresster Saft schmeckt besonders gut. Wer genügend Platz in der Tiefkühltruhe hat, kann den Saft portionsweise einfrieren.
Auslichtungsschnitt/Sommerschnitt an Obstbäumen ist noch bis Ende des Monats möglich. Sommerschnitt nach der Ernte an Pfirsich, Sauerkirschen und an allen stark wachsenden Obstbäumen. Sommerhimbeeren vereinzeln, pro laufendem Meter 3-4 Ruten stehen lassen. Schwache oder kranke und abgetragene Ruten ganz knapp über dem Erdboden abschneiden. Mulchschicht erneuern.
Ernte: Pflückreife der einzelnen Sorten beachten, nur beste Fruchtqualitäten einlagern. Das Auspflükken der reifen Früchte, dies sind meistens die Früchte im gut belichteten Teil der Krone, bringt eine Qualitätssteigerung der noch nachreifenden Früchte. Späte Erdbeersorten ernten. Sorten, die im September reifen, werden direkt verwertet. Saft, Mus, Marmeladen und Gelees sind lange haltbar.
Herbsthimbeeren (Zeefa 3, Atumn Bliss, Golden Bliss, Polka, Himbo Top) liefern madenfreie und feste Früchte. Einzeln eingefroren eignen sich die Früchte sehr gut zur Dekoration von Torten und Süßspeisen. Brombeeren ernten und abgetragene Ruten abschneiden. Neue Langtriebe anbinden, überzählige wegschneiden. Mit Brombeermilben befallene Ruten (die einzelne Beere hat helle Segmente) direkt vernichten. Haselnüsse und Walnüsse ernten, trocknen und trocken und kühl lagern. Preiselbeeren (Vaccinium vitis idea) und Bodendeckerpreiselbeeren (Vaccinium macrocarpon) fangen in diesem Monat an zu reifen. Sie geben als Kompott eine delikate Beilage zu Wild- und anderen Fleischgerichten.
Pflanzenschutz: Herbsthimbeeren und spät reifende Brombeeren (Jumbo, Chester Thornless, Thornless Evergreen, Nessy) bei feuchtem und kühlem Wetter auf Grauschimmel (Botrytis cinera) an den Früchten kontrollieren und befallene Früchte wegschneiden. Für gute Durchlüftung der Pflanzen sorgen! Leimringe an Birnbäumen anlegen; der Birnenknospenstecher (Anthonomus piri) wird nach der Sommerruhe wieder aktiv. Der ungefähr 5 mm große Käfer legt seine Eier in die Blatt- und Blütenknospen der Birnbäume; die Larve schlüpft schon im Oktober und frisst in der Knospe. Im folgenden Mai/Juni schlüpfen dann die fertigen Käfer. Bei großem Befall können ganze Bäume sterben. Regelmäßig Fallobst aufsammeln, auf dem Kompost zerkleinern und mit Erde ab-

decken. Schädlingsbefall wird damit vermindert. Falls im August vergessen, Wellpappe oder einen Ring aus Rohwolle um die Apfelbaumstämme binden. Raupen des Apfelwicklers aus der 2. Generation schlüpfen aus den Früchten und suchen ein sicheres Winterquartier. Wer einen Vogelfutterplatz hat, kann dort Wellpappe und Wollring vorsichtig ausbreiten.

Oktober

Ziergarten

Neupflanzung: Lockern des Bodens durch Umgraben oder Einstechen mit einer Grabgabel. Auch der Sauzahn ist für eine Lockerung geeignet. Kompost, Lehm, Mist und Urgesteinsmehl erhalten den Boden fruchtbar. Kalk und Sand lockern den Boden. Gründünger oder Mulch als Bedeckung für den Winter auf die Beete bringen, die erst im Frühjahr bepflanzt werden sollen. Vorbereitete Beete mit Gehölzen oder Stauden bepflanzen.
Rückschnitt: Spätsommer- und Herbstblüher zurückschneiden. Rosen, die keine Blütenknospen mehr haben, auf 40-60 cm abschneiden und anhäufeln, empfindlichere Sorten mit Nadelholzreisern eindecken. Rasen nicht mehr zu kurz mähen (ungefähre Höhe 8 cm).
Teich: Kleinere Gartenteiche können mit Laubnetzen überspannt werden, auch der Fischreiher hat dann keine Landungsmöglichkeiten. Teichtechnik überprüfen und vor Frost und Wetter schützen. Fische nicht mehr füttern! Beim Abschneiden der Teichpflanzen die Stängel 10 cm über dem Wasser stehen lassen zur natürlichen Belüftung des Teiches.
Pflege: Blumenzwiebeln (Tulpen und Hyazinthen) setzen und gut abdecken mit Kompost, Erde oder auch Laub.
Überwinterung: Wasserhyazinthe, Wasserfarn, Wassersalat und Lotusblume ins frostfreie Winterquartier holen. Dahlien, Begonien, Gladiolen, Canna und andere nicht winterharte Zwiebeln und Knollen aus dem Boden nehmen, beschädigte Teile entfernen und gut abtrocknen lassen und anschließend kühl lagern. Knollenbegonien, Dahlien und Gloriosa werden in trockenem Torf eingeschlagen. Für Zwiebelartige (Tigerblume, Sterngladiole, Jakobslilie) ist trockener Sand besser geeignet.

Gemüsegarten

Aussaat von Feldsalat und Spinat.
Ernte: Bald erntefähiges Gemüse mit Vlies oder Folientunnel schützen. Ernten bei trockener Witterung vermindert Ausfälle durch Schimmel und Fäulnis. Knollen und Rüben vorsichtig behandeln, Beschädigte verderben schnell. Erste Ernte von Radicchio, Herbstmöhren, Knollensellerie, Lauch, Kohl, Chinakohl, Endivien und frischem Feldsalat.
Lagerung: Wer Möhren, Schwarzwurzeln, Pastinaken und Sellerie im Beet stehen lassen will, sollte die Pflanzen mit Laub oder Stroh 20 cm dick eindecken und zusätzlich mit einem Vlies gegen Wind schützen. Die frisch geernteten Spätkartoffeln trocknen lassen, dunkel, kühl und trocken einlagern und dann nicht mehr bewegen, um die Keimruhe nicht zu stören. Sellerie, Lauch und Kohl werden ebenfalls kühl gelagert. Hokkaido, Muskat- und Moschuskürbis sind bei kühler und trockener Lagerung bis zu 8 Monate haltbar; sie reifen in den ersten Wochen nach der Ernte erst richtig aus.
Winterschutz: Frühbeetkästen mit Luftpolsterfolie oder Styropor isolieren. Unbeheizte Gewächshäuser mit Luftpolsterfolie oder ähnlichem Material isolieren, um sie im Winter nutzen zu können.
Kräuter: Petersilie und Schnittlauch können in Töpfe gesetzt und auf der Fensterbank weiter kulti-

viert werden. Wer mehrere Töpfe bestückt, kann sie kühl halten und nach Bedarf ins Warme holen.

Obstgarten

Schnitt: Nach der Ernte können erste Schnittarbeiten an Apfel- und Birnenbäumen vorgenommen werden. Stark nach unten hängende Zweige werden abgeschnitten. Beschädigte und kranke Zweige und Äste werden bis ins gesunde Holz entfernt. Kleine Schnittstellen brauchen keinen Wundverschluss. Größere Schnittwunden kann man mit einer selbst hergestellten Lehmpaste oder alternativ mit einer Paste aus Urgesteinsmehl behandeln. Diese Art der Wundbehandlung ist wasserdurchlässig und kann auch bei feuchtem Wetter aufgetragen werden. Bei trockenem Wetter Bäume mit Obstbaumkrebs (Nectria galligena) ausschneiden, Wunden mit einer Paste aus Urgesteinsmehl und EM behandeln, bringt gute Heilungserfolge.
Düngung mit Kalium zur Steigerung der Frosthärte.
Ernte: Die letzten Zwetschgen sind jetzt reif. Äpfel, Birnen und Quitten sind je nach Sorte pflückreif und können gelagert werden. Pflückreif sind die Früchte, wenn sich die Frucht durch leichte Bewegung nach oben vom Baum lösen lässt. Preiselbeeren sollten jetzt geerntet und verarbeitet werden. Kiwis werden unreif geerntet und mit reifen Äpfeln zusammen in Folienbeutel gelagert, damit sie ausreifen. Die Äpfel scheiden das Gas Äthylen aus und beschleunigen so den Reifungsprozess.
Sortenbestimmung: Für die Bestimmung von unbekannten Obstsorten ist jetzt die richtige Zeit. Dafür pflückt man 5-8 gut entwickelte Früchte aus dem belichteten Teil (oft oben und außen) der Krone. Der Pomologenverein, aber auch Streuobstwiesenvereine bieten die Möglichkeit der Bestimmung.
Lagerung: Nüsse gut trocknen, bevor sie gelagert werden. Bei Walnüssen die Reste der grünen Schalen entfernen. Netze eignen sich gut zur Aufbewahrung. Nach der Traubenernte ist Lagerung von Tafeltrauben

in der Kühlung für gut 2 Wochen möglich.
Pflanzenschutz: Bis Ende des Monats Leimringe anlegen. Die ersten flügellosen Frostspannerweibchen kriechen in die Baumkronen und wollen ihre Eier legen. Es gibt auch Leim, der direkt auf den Stamm aufgetragen werden kann.

November

Ziergarten

Pflanzung: Rosen und wurzelnackte Sträucher und Bäume können jetzt gepflanzt werden. Rosen vor dem Pflanzen einen halben Tag in Wasser legen. Die Veredlungsstelle muss 5 cm unter der Erde liegen; nach der Pflanzung anhäufeln. Pflanzgräben und Pflanzlöcher ausheben und Aushub mit Kompost vermischen. Heckenpflanzen nach der Pflanzung ungefähr 1/3 zurückschneiden. Wurzeln vor der Pflanzung so einkürzen, dass sie im Pflanzgraben nicht hochbiegen.
Bodenbearbeitung ist Vorbereitung für den Winter: Boden lockern, je nach Beschaffenheit mit Kompost, Sand und Lehm verbessern. Einbringen von Mist, Kalk und Urgesteinsmehl.
Kompost: Komposthaufen auf- und umschichten, Laub mit anderen Gartenabfällen gut mischen und mit reifem Kompost impfen. Besteht die untere Schicht aus grobem Schnittgut, ist die Belüftung des Haufens besser. Laub von Buche, Eiche und Walnuss

enthalten sehr viele Gerbstoffe. Wenn man es mit anderen Gartenabfällen reichlich vermischt, geht die Zersetzung schneller. Wer sauren Kompost braucht, verzichtet auf Beimengung von Kalk. Reifen Kompost und fehlende Erde im Garten verteilen.

Düngung: Kaliumdüngung zur Steigerung der Frosthärte ist auch noch im November möglich. Gründünger oder Mulch als Bedeckung für den Winter auf die Beete bringen.

Schnitt: Herbstblüher, die verblüht sind, zurückschneiden. Beet- und Edelrosen auf 40-60 cm abschneiden und anhäufeln. Strauchrosen anhäufeln und bei öfter blühenden Sorten die verwelkten Blüten abschneiden; Rück- oder Auslichtungsschnitt erfolgt im Frühjahr. Gartenteichpflanzen 10 cm über dem Wasser abschneiden, sorgt beim Zufrieren für eine natürliche Belüftung.

Winterschutz: Letzte Blumenzwiebeln (Tulpen und Hyazinthen) setzen und gut abdecken mit Kompost, Erde oder auch Laub. Gartenteiche mit Laubnetzen überspannen, hilft auch gegen Fischreiher. Teichtechnik überprüfen und vor Frost und Wetter schützen. Winterschutzmaterialien bereithalten und bei empfindlichen Pflanzen auch schon bei den ersten Frösten einsetzen. Frühfröste gefährden Bleiwurz, Riesenhyazinthe/Galtonia, Hakenlilie, Herbstmargeriten, Japananemone, Schopflilie, Silberkerze, Winterastern. Bei Abdeckung mit leichtem Vlies bleiben Herbstmargeriten, Bleiwurz und Winterastern länger in der Blüte schön. Bei Kübelpflanzen, die draußen bleiben, die Kübel mit Luftpolsterfolie oder Styropor isolieren oder als Gruppe zusammenstellen und schützen.

Gemüsegarten

Aussaat von Feldsalat und Spinat. Bärlauch (Allium ursinum) und Löffelkraut (Cochlearia officinalis) aussäen. Die Samen benötigen niedrige Temperaturen, damit sie keimen.

Gemüse unter Folientunnel ziehen, um Reifezeit zu

verkürzen.

Winterschutz: Frühbeete mit Noppenfolie vor Frost schützen. Unbeheizte Gewächshäuser isolieren, um sie auch im Winter nutzen zu können.

Ernte von Rosenkohl und Grünkohl. Lauch, Endivien und Feldsalat und Topinamburknollen ernten.

Lagerung: Karotten, Rüben, Kohl, Kartoffeln und Rote Beeten können auch sehr gut in Erdmieten gelagert werden. Engmaschiger Draht hilft gegen Mäuse und Wühlmäuse.

Obstgarten

Pflanzung wurzelnackter Obstgehölze, die Veredlungsstelle muss 10-15 cm über der Erde bleiben! Pfahl nicht vergessen, schwach wachsende Bäume brauchen ihr Leben lang einen Pfahl!

Ernte: Nach dem ersten Frost können Mispeln (Mespilus germanicus), Sanddorn und Schlehen geerntet werden. Kleine Früchte sind besser zu ernten, wenn man ganze Triebe schneidet. Die letzten Walnüsse und Haselnüsse werden jetzt aufgelesen.

Düngung mit Kalium zur Steigerung der Frosthärte.

Winterschnitt kann an Kernobst (Apfel und Birne) durchgeführt werden. Winterschnitt an Rebstöcken.

Pflege: Abbürsten älterer Stämme und Anstrich mit Kalk oder mit anderen Baumanstrichen. Abräumen der Baumscheiben, Laub abharken und liegen gebliebenes Obst absammeln; Baumscheiben frei halten. Aufbringen von Kompost auf Baumscheiben und unter Beerensträucher.

Vermehrung: Steckholzgewinnung von Johannisbeeren und Holunder. Himbeervermehrung durch Wurzelschnittling möglich. Niederlegen von Fruchthaselnüssen zur Gewinnung neuer Pflanzen.
Lagerung: Gelagertes Obst muss regelmäßig auf faule Früchte kontrolliert werden. Entfernt man diese nicht, stecken sie die anderen an.
Pflanzenschutz: Leimringe anzulegen kann noch deutlich den Befall mit Frostspanner verringern. Brunonia Raupenleim kann direkt auf den Stamm aufgetragen werden.

Dezember

Ziergarten bei frostfreiem Wetter:

Pflanzung: Wurzelnackte Gehölze (Rosen, Ziersträucher und Heckenpflanzen) pflanzen. Bei sehr lehmigen Böden Humus, Sand oder Lava mit einarbeiten. Bei Bodenverdichtung besser auf trockenes Wetter warten.
Bodenbearbeitung ist Vorbereitung für das kommende Frühjahr: Boden lockern, je nach Beschaffenheit mit Kompost, Sand und Lehm verbessern. Einbringen von Mist, Kalk und Urgesteinsmehl.
Kompost: Komposthaufen auf- und umschichten. Laub und andere Gartenabfälle gut mischen und mit reifem Kompost impfen. Reiner Laubkompost aus Buchenlaub ist sehr gut geeignet für Moorbeetpflanzungen und als Bestandteil für selbst gemischte Orchideenerden.
Rosen: Beet- und Edelrosen auf 40-60 cm abschneiden und anhäufeln. Rosenhecken mit Hagebutten erst im Frühjahr schneiden, Hagebutten sind Nahrung für Vögel und Wildtiere. Strauchrosen anhäufeln und bei öfter blühenden Sorten die verblühten Blüten abschneiden; der endgültige Schnitt wird dann im Frühjahr durchgeführt.
Immergrüne Pflanzen (Kirschlorbeer, Buchsbaum, Rhododendron, Stechpalme, Kamelien, Glanzmispel) nach langen Frostperioden bei offenem Wetter ohne Frost gießen. Bei Neupflanzungen mit Vlies schützen.
Gartenteich: Gartenteichpflanzen 10 cm über dem Wasser abschneiden, sorgt bei Zufrieren für die natürliche Belüftung. Eisfreihalter bereithalten. Teichtechnik, Schläuche und Wasserleitungen überprüfen und Wasser entleeren. Anschließend vor Frost und Wetter schützen.
Stauden und Gräser: Empfindliche Gräser (Pampasgras) zusammenbinden. Stauden nicht abschneiden oder mit einer Laubschicht abdecken.
Gehölzschnitt: Winterschnitt (Verjüngungs- und Auslichtungsschnitt) bei frostfreiem und trockenem Wetter an Bäumen und Sträuchern durchführen. Veredlungsreiser und Steckholzmaterial von Ziergehölzen schneiden, aufrecht in Sand frostfrei einlagern oder im Kühlschrank in feuchtes Zeitungspapier und in Frischhaltefolie gewickelt aufbewahren.

Bei Frost:

Frostschutz: Winterschutzmaterialien bei empfindlichen Pflanzen auch schon bei den ersten Frösten einsetzen. Bei Kübelpflanzen, die draußen bleiben, die Kübel mit Luftpolsterfolie oder Styropor isolieren. Bei sehr niedrigen Temperaturen auch die Pflanzen mit Vlies oder Matten schützen.
Schneelast: Bäume und Sträucher von zu starker Schneelast befreien, Astbruch und Triebschäden werden dadurch verhindert. Zugeschneite Teiche abfe-

gen, dann kommt wieder Licht in den Teich. Eisfreihalter oder kleine Löcher von Eis freihalten. Keine Löcher in die Eisdecke schlagen, Fische vertragen den Schall nicht und können verenden.

Gemüsegarten

Planung: Anbauplanung für das kommende Jahr, Fruchtfolge oder Mischkultur.
Ernte: Gemüse aus Folientunnel; Lauch, Endivien und Feldsalat und Topinamburknollen ernten. Rosenkohl und Grünkohl sind nach den ersten Frösten erst erntereif.
Frostschutz: Frühbeete mit Noppenfolie vor Frost schützen. Feldsalat mit Vlies abdecken, sonst wird er gelb.
Unbeheizte Gewächshäuser isolieren, um sie auch im Winter nutzen zu können.
Aussaat: Anfang Dezember können Bärlauch (Allium ursinum) und Löffelkraut (Cochlearia officinalis) ausgesät werden. Die Samen benötigen niedrige Temperaturen, damit sie keimen.
Kontrolle: Verdorbenes Gemüse aus dem Gemüselager entfernen. Lüften und nicht zu feucht halten.

Obstgarten bei frostfreiem Wetter:

Pflanzung: Wurzelnackte Obstgehölze pflanzen, die Veredlungsstelle muss 10-15 cm über der Erde bleiben! Pfahl nicht vergessen, schwach wachsende Bäume brauchen ihr Leben lang einen Pfahl! Wühlmausschutz für die Wurzeln und Kontrolle der frisch gepflanzten Bäume erhöhen die Anwachsquote.
Pflege: Alte Anbindungen kontrollieren, gegebenenfalls entfernen (Einwachsgefahr) und erneuern. Stark wachsende Bäume brauchen nur die ersten Jahre einen Pfahl. Abbürsten älterer Stämme und Anstrich mit Kalk oder mit anderen Baumanstrichen mindert den Befall mit Pilzen und Schädlingen. Der weiße Kalkanstrich reflektiert die intensive Wintersonne und vermindert das Risiko der Frostrisse.
Winterschnitt kann an Rebstöcken und Kernobst (Apfel und Birne) durchgeführt werden.
Kompost: Baumscheiben säubern, Laub und liegen gebliebenes Obst entfernen; Baumscheiben über Winter von Bewuchs und Mulch freihalten. Kompost auf Baumscheiben und unter Beerensträucher verteilen.
Vermehrung: Steckholzgewinnung von Johannisbeeren und Holunder; Himbeervermehrung durch Wurzelschnittling möglich. Schnitt von Reisern für die Veredlung, Lagerung im Sand oder Kühlschrank, auf Verdunstungsschutz achten. Sorten auf jeden Fall kennzeichnen! Niederlegen von Fruchthaselnüssen zur Gewinnung neuer Pflanzen.
Pflanzenschutz: Leimringe gegen Frostspanner sind auch jetzt noch nützlich und mindern den Befall im Frühjahr.
Lagerung: Gelagertes Obst muss regelmäßig auf faule Früchte kontrolliert werden, entfernt man diese nicht, stecken sie die anderen an.
Fortbildung: Schnittkurse besuchen!

Literaturverzeichnis

Arbeitskalender

Ein schöner Garten rund ums Jahr, Bassermann Verlag
ISBN 3-8094-1705-X
Rat für jeden Gartentag von Franz Böhmig, Ulmer Verlag
ISBN 3-8001-5569-9
Die Gartenschule rund ums Jahr, Bassermann Verlag
ISBN 3-8094-1549-9

Bauerngarten/Landhausgarten

Bauerngärten schön gestaltet von Sue Phillips, Kaleidoskop
ISBN 3-88472-401-0
Bezaubernde Landhaus-Gärten, Weltbild
ISBN 3-8289-1609-0
Alte Pflanzenschätze von Siegfried Stein, BLV
ISBN 3-405-16837-6

Eifel

Steht die Sonne auf Stippen...von Sophie Lange, Helios
ISBN 3-925087-75-3
Als feines Fräulein hinterm Pflug von Sophie Lange, Helios
ISBN 3-925087-64-8
Gebrauchsanweisung für die Eifel von Jacques Berndorf, Piper Verlag
ISBN 3-492-27543-9

Gartenbetrachtungen

Der Garten Quelle neuer Energie und Inspiration von Keith Mitchell, Busse Seewald
ISBN 3-512-03222-2
Gesundheit aus dem Garten von David Squire, Callway
ISBN 3-7667-1341-8

Gartenplanung/Gartengestaltung

Gärten nach der Natur von Manfred Grawert, Callway Verlag
ISBN 3-7667-1301-9
Wilde Schönheiten gestalten. Ein Garten nach der Natur von Constantia Spühler, Parey Buchverlag Berlin
ISBN 3-8263-3239-3
Naturgarten, Könemann Verlagsgesellschaft mbH, Gondrom
ISBN 3-8112-2591-X
Der Kiesgarten von Beth Chatto, Ulmer Verlag
ISBN 3-8001-3144-7
Eden on Their Minds von Starr Ockenga, Potter
ISBN 0-609-60587-9
Gartengestaltung mit Naturstein von David Reed, Callway
ISBN 3-7667-1659-X
Der Wohlfühlgarten von Romy Rawlings, Kaleidoskop
ISBN 3-88472-864-2

Kletterpflanzen

Reizvolle Kletterpflanzen von Paul Williams, BLV
ISBN 3-405-15623-8
Clematis von Andreas Bärtels, Ulmer Verlag
ISBN 3-8001-6381-0
Clematis von Charles Chesshire, Dorling Kindersley
ISBN 3-8310-0830-2

Kräuter

Kräuter Enzyklopädie von Nico Vermeulen, Edition DÖRFLER im NEBELVERLAG
ISBN 3-89555-188-2
Heilpflanzen von M. Pahlow, Weltbild
ISBN 3-8289-1839-5
Delikatessen am Wegesrand, Mädler Verlag
ISBN 3-925691-25-1
Zauberpflanzen von Miriam Wiegele, Ulmer Verlag
ISBN 3-8001-4196-5
Pflanzengeheimnisse aus alter Zeit von Gertrud Scherf, BLV
ISBN 3-405-166780
Zauberpflanzen Hexenkräuter von Gertrud Scherf, BLV
ISBN 3-405-16219-X

Nutzgarten und Gemüse

Garten und Gabel von Monty und Sarah Don, Verlag Busse und Seewald
ISBN 3-512-03206-0
Wiederentdeckte Gemüse von Elisabeth Scotto, Christian Verlag
ISBN 3-88472-584-X
Wurzelgemüse von Mariana Buser, Fona
ISBN 3-03780-177-8
Permakultur Von Sepp Holzer, Leopold Stocker Verlag
ISBN 3-7020-1037-8
Gärtnern unter Glas und Folie von Jacobi/Mierswa, BLV
ISBN 3-405-14829-4
Der Neue Küchengarten von Anna Pavord, Dorling

Kindersley
ISBN 3-92804499-0
Kürbis von Brigitte Schöner/Hans Streicher, BLV
ISBN 3-405-16968-2

Obstsorten/Streuobstwiesen

Farbatlas Alte Obstsorten von Walter Hartmann/Eckhart Fritz, Ulmer Verlag
ISBN 978-3-8001-5672-6
Alte und neue Apfelsorten von Franz Mühl, Obst-und Gartenbauverlag München
ISBN 3-87596-093-9
Alte Apfel- und Birnensorten für den Streuobstbau von Dieter Grill/Herbert Keppel, Leopold Stocker Verlag
ISBN 3-7020-1087-4
Rosenapfel und Goldparmäne von Pichler/Brunner/Gersbach/Zuber, AT Verlag,
ISBN 3-03800-209-7

Pflanzenkunde

The Royal Horticultural Society, die große Pflanzenenzyklopädie, Dorling Kindersley Verlag
ISBN 3-8310-0657-1
Das große Buch der Garten- und Landschaftsgehölze von Hans- Dieter Warda, Herausgeber Bruns Pflanzen
ISBN 3-9803833-3-4
Kamelien von Gerd Kierfeld, Christian Verlag
ISBN 3-88472-623-4
Strauchpfingstrosen von Irmtraud Rieck und Friedrich Hertle, Ulmer Verlag
ISBN 3-8001-3657-0
Pfingstrosen von Jean-Luc Riviere, Ulmer Verlag
ISBN 3-8001-4139-6

Rosen

Alte Rosen und Englische Rosen von David Austin, DuMont Buchverlag
ISBN 3-7701-3270-X
Gärtnern mit alten Rosen von John Scarman, Christian Verlag
ISBN 3-88472-311-1
Rosen Enzyklopädie, Könemann
ISBN 3-8290-1954-8

Stauden

Wilde Gärten von John Stevens, Christian Verlag
ISBN 3-88472-138-0
Neues Gartendesign von Piet Oudolf, Ulmer Verlag
ISBN 3-8001-6691-7
Helleborus, Nieswurz, Lenzrosen von Marlene Ahlburg, Ulmer Verlag
ISBN 3-8001-6377-2
Geranium für den Garten von Coen Jansen, Ulmer Verlag
ISBN 3-8001-6613-5
Bambus von Simon Grouzet/Olvier Colin, Ulmer Verlag
ISBN 3-8001-4195-7

Zäune/Holz

Bauen mit Holz von Heidi Howcroft, Callway
ISBN 3-7667-1061-3
Einfach Korbflechten von Susie Vaughan, Ökobuch
ISBN 3-936896-14-3
Weidengeflechte von Marianne Mortensen, Verlag Th. Schäfer
ISBN 3-87870-573-5
Naturbauten von Konstantin Kirsch, OLV
ISBN 3-922201-17-2

Wassergarten

Faszination Gartenteich von Wolfram Franke, blv
ISBN 3-405-15067-1
Wassergärten von Siegfried Stein, blv
ISBN 3-405-16288-2
Die neuen Teiche, Bäche, Pools von Ulrich Timm, Callwey
ISBN 3-7667-1153-9
Fleischfressende Pflanzen von Jean-Jaques Labat, Ulmer Verlag
ISBN 3-8001-3582-5

Kataloge

Jelitto Staudensamen GmbH, Postfach 1264, 29685 Schwarmstedt www.jelitto.com
Schweiss Staudenkulturen D-Grafschaft-Böhlingen www.schweiss-stauden.de
Rühlemanns
Demeter
Biohof Jebel
Pöttschke
Kiepenkerl/Bruno Nebelung
Demeter Katalog, Anforderung unter: info@oekoseeds.de

Vereine, Gartengestaltung, Gärtnereien

Arche Noah
Gesellschaft zur Erhaltung und Verbreitung der Kulturpflanzenvielfalt. Ziel der Organisation ist die Sammlung, Vermehrung und Weitergabe seltener Kulturpflanzen
www.arche-noah.at

VEN
Dieser Verein widmet sich der Erhaltungsarbeit und Sortenpflege alter Nutzpflanzen.
www.nutzpflanzenvielfalt.de

ProSpecieRara
Schweizerische Stiftung für die kulturhistorische und genetische Vielfalt von Pflanzen und Tieren.
CH-5000 Aarau, Tel.: 062 832 08 20.
www.prospecierara.ch

www.gds-staudenfreunde.de
Regionalgruppe Bonn/Köln:
Peter Ruhnke
Burbacher Str. 119a
D-53129 Bonn
Tel.: 02 28-23 51 61
Regionalgruppe Aachen:
Verona Michael
Neue Weide 12
52499 Baesweiler
Tel.: 0 24 01-5 12 37
Regionalgruppe Koblenz:
Barbara Feldt
Depot 14 a
56218 Mülheim-Kärlich
Tel.: 02 61-2 23 81

Gesellschaft Deutscher Rosenfreunde
Geschäftsführerin:
Elke Gottschall,
Waldseestraße 14
76530 Baden-Baden
Tel.: 0 72 21-3 13 02
Fax: 0 72 21-3 83 37
email: info@rosenfreunde.de

Bonn
Prof. Dr. Dieter Abbo Kalbhen
Kirchheimerstr. 49
53881 Euskirchen-Kirchheim
Tel.: 0 22 55-68 38

Aachen
Uwe Strauß
Goffartstraße 44
52066 Aachen
Tel.: 02 41-17 25 25
Fax: 02 41-5 80 23 41

NATURNAH LEBEN - EIFEL - e.V.
Sitz im Naturzentrum Nettersheim
Geschäftstelle: Gemünder Str. 70,
53894 Mechernich-Berg, Tel. 0 24 43-75 03

Streuobstwiesenvereine
Renette Eifeler Obstwiesen e.V.
www.Renette-online.de
1. Vorsitzender
Peter Voissel, Valderstr. 9,
53894 Mechernich-Glehn
Tel./Fax: 0 24 43-4 82 82

Föno-Nabu Streuobst GmbH,
Tel.: 0 22 52-83 30 30

Gartenberatung und Hilfe bei der Gartenplanung finden Sie unter:
www.gartenbauen.info
www.gerkes-gartenlust.de
www.offene-gartenpforte.de

Effektive Mikroorganismen EM-Technologie
www.emiko.de

Eifelverein www.eifelverein.de
Der Eifelsteig – Wanderweg mit insgesamt 15 Etappen und rund 311 km quer durch die Eifel von Aachen nach Tier – Wegbeschreibung, Streckenverlauf
www.eifelsteig.de

Kräuterpfad www.badmuenstereifel.de mit Kräutertag jedes Jahr Sonntag nach Christi Himmelfahrt
Naturzentrum Eifel Urftstr. 2-4, 53947 Nettersheim
Nationalpark-Eifel www.naturpark-hohesvenn-eifel.de oder www.nationalpark-eifel.de

Gartenimpressionen

Gartenimpressionen

Energie für die Eifel
Rund um die Uhr
02441/82-300
Energie Nordeifel GmbH & Co. KG
Hindenburgstraße 13 53925 Kall
www.ene-strom.de
ene
energie nordeifel

Aus dem Garten in den Kochtopf ...

Kölsch für ze müffele

Spezialitäten und Geschichten, Amüsantes und Wissenswertes rund um die kölsche „Foderkaat“, 111 Rezepte garniert mit kölschen Verzällchen, das ist „Kölsch für ze müffele“.

Ein Koch-, Lese- und Entdeckungsbuch für alle, die die kölsche Küche und die kölsche Eigenart zu schätzen wissen.

240 Seiten, Format 24 x 22 cm, Hardcover,
EUR 28,00
ISBN: 978-3-939908-35-7